国家出版基金资助项目
湖北省学术著作出版专项资金资助项目

智能制造与机器人理论及技术研究丛书

总主编　丁汉　孙容磊

微纳运动实现技术

冯显英　杜付鑫◎著

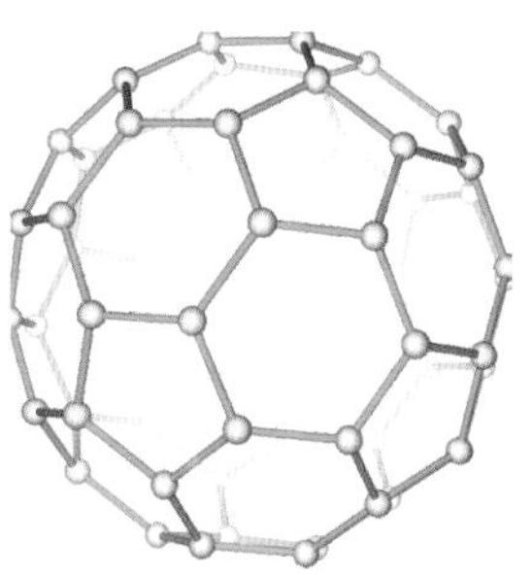

WEI-NA YUNDONG SHIXIAN JISHU

華中科技大學出版社
http://www.hustp.com
中国·武汉

内 容 简 介

本书介绍了微纳米技术领域的各种微纳运动系统及其相关实现技术。全书共 7 章：第 1 章主要是微纳技术及微纳技术应用与发展的综述；第 2 章主要介绍了基于智能材料的常见的微纳驱动技术类型及特性；第 3 章主要介绍了微纳运动检测技术；第 4 章概括性地介绍了微纳运动系统控制策略；第 5 章介绍了基于直线电机的单自由度微纳定位实现技术，主要讨论了电磁式和压电超声式两种情况；第 6 章主要介绍了单自由度宏微复合微纳运动的实现技术，并讨论了非线性因素对微纳运动性能的影响和补偿策略；第 7 章重点介绍了本书作者提出的宏宏复合微纳运动的实现技术、性能特点及低速性能。

本书具有很强的针对性、概括性和指导性。通过本书，读者可以系统、全面地了解各种微纳运动实现技术。本书可作为精密机械工程、机电工程、控制工程、仪器科学与工程、材料科学工程、微电子科学等专业本科生、研究生关于微纳制造的导论性教材，同时也可作为医工交叉学科及其他相关领域研究生和广大科学工作者、工程技术人员的学习参考资料。

图书在版编目(CIP)数据

微纳运动实现技术/冯显英，杜付鑫著. —武汉：华中科技大学出版社，2020.7
(智能制造与机器人理论及技术研究丛书)
ISBN 978-7-5680-6152-0

Ⅰ. ①微… Ⅱ. ①冯… ②杜… Ⅲ. ①纳米技术-应用-进给-研究 Ⅳ. ①TK223.7

中国版本图书馆 CIP 数据核字(2020)第 106104 号

微纳运动实现技术 冯显英 杜付鑫 著
Wei-na Yundong Shixian Jishu

策划编辑：俞道凯
责任编辑：邓 薇
封面设计：原色设计
责任监印：周治超
出版发行：华中科技大学出版社(中国·武汉) 电话：(027)81321913
武汉市东湖新技术开发区华工科技园 邮编：430223
录 排：武汉三月禾文化传播有限公司
印 刷：湖北新华印务有限公司
开 本：710mm×1000mm 1/16
印 张：11.5
字 数：201 千字
版 次：2020 年 7 月第 1 版第 1 次印刷
定 价：96.00 元

华中出版

本书若有印装质量问题，请向出版社营销中心调换
全国免费服务热线：400-6679-118 竭诚为您服务

智能制造与机器人理论及技术研究丛书

专家委员会

顾问委员会

编写委员会

作者简介

冯显英 1965年10月出生，中共党员，教授、博士研究生导师。中国机械工程学会高级会员、机器人分会委员，国家科学技术奖励、国家自然科学基金、教育部国家留学基金等评审专家，国内外多家学术期刊特约审稿人。1998年获得博士学位，同年晋升为副教授，2001年9月至2003年1月在新加坡进行合作研究，2003年晋升为教授、博士研究生导师。研究方向为智能检测与控制理论及技术、微纳超精加工理论与技术、机器人等智能装备理论与技术等。

参加工作30余年来，一直从事机电一体化教学与科学研究工作，具有丰富的跨学科科研阅历和实际经验。近几年来，先后完成国家自然科学基金、国家重点研发计划等国家级项目8项，省部级重大专项等各类项目8项，授权发明专利10余项、实用新型专利30余项，完成企业委托项目50余项。其中多项课题成果已产业化，具有良好的经济效益和社会效益。发表学术论文90余篇，其中收录于SCI/EI 50余篇。主编、合著图书5部。获省部级科技进步奖二、三等奖及市级科技成果奖励多项。

杜付鑫 1985年4月出生，工学博士，高级实验师，硕士研究生导师。主要研究方向为医疗机器人、机械动力学、机电系统智能误差补偿。主持并参与国家自然科学基金1项，国家级项目4项，中国博士后科学基金面上项目1项，省级项目、军民融合交叉项目等多项。以第一作者身份发表论文10余篇，其中5篇被SCI收录，1篇被EI收录，授权发明专利3项。国际学术期刊*Nonlinear Dynamics*、*Precision Engineering*、*Advances in Mechanical Engineering*审稿人。

总序

近年来，“智能制造＋共融机器人”特别引人瞩目，呈现出“万物感知、万物互联、万物智能”的时代特征。智能制造与共融机器人产业将成为优先发展的战略性新兴产业，也是中国制造2049创新驱动发展的巨大引擎。值得注意的是，智能汽车与无人机、水下机器人等一起所形成的规模宏大的共融机器人产业，将是今后30年各国争夺的战略高地，并将对世界经济发展、社会进步、战争形态产生重大影响。与之相关的制造科学和机器人学属于综合性学科，是联系和涵盖物质科学、信息科学、生命科学的大科学。与其他工程科学、技术科学一样，制造科学、机器人学也是将认识世界和改造世界融合为一体的大科学。20世纪中叶，*Cybernetics*与*Engineering Cybernetics*等专著的发表开创了工程科学的新纪元。21世纪以来，制造科学、机器人学和人工智能等领域异常活跃，影响深远，是“智能制造＋共融机器人”原始创新的源泉。

华中科技大学出版社紧跟时代潮流，瞄准智能制造和机器人的科技前沿，组织策划了本套“智能制造与机器人理论及技术研究丛书”。丛书涉及的内容十分广泛。热烈欢迎各位专家从不同的视野、不同的角度、不同的领域著书立说。选题要点包括但不限于：智能制造的各个环节，如研究、开发、设计、加工、成形和装配等；智能制造的各个学科领域，如智能控制、智能感知、智能装备、智能系统、智能物流和智能自动化等；各类机器人，如工业机器人、服务机器人、极端机器人、海陆空机器人、仿生/类生/拟人机器人、软体机器人和微纳机器人等的发展和应用；与机器人学有关的机构学与力学、机动性与操作性、运动规划与运动控制、智能驾驶与智能网联、人机交互与人机共融等；人工智能、认知科学、大数据、云制造、物联网和互联网等。

本套丛书将成为有关领域专家、学者学术交流与合作的平台，青年科学家茁壮成长的园地，科学家展示研究成果的国际舞台。华中科技大学出版社将与施普林格(Springer)出版集团等国际学术出版机构一起,针对本套丛书进行全球联合出版发行,同时该社也与有关国际学术会议、国际学术期刊建立了密切联系,为提升本套丛书的学术水平和实用价值,扩大丛书的国际影响营造了良好的学术生态环境。

近年来,高校师生、各领域专家和科技工作者等各界人士对智能制造和机器人的热情与日俱增。这套丛书将成为有关领域专家学者、高校师生与工程技术人员之间的纽带,增强作者与读者之间的联系,加快发现知识、传授知识、增长知识和更新知识的进程,为经济建设、社会进步、科技发展做出贡献。

最后,衷心感谢为本套丛书做出贡献的作者和读者,感谢他们为创新驱动发展增添正能量、聚集正能量、发挥正能量。感谢华中科技大学出版社相关人员在组织、策划过程中的辛勤劳动。

华中科技大学教授

中国科学院院士

熊有伦

2017 年 9 月

前言

随着当代科技的迅速发展，微纳运动及其实现技术逐渐成为信息产业和其他高科技产业领域交叉融合的创新源。微纳运动实现技术是微米和纳米尺度上的一门新兴科学技术，其研究涉及物理、化学，以及力学、光学、机械、电子、生物医学等基础学科和应用学科，广泛应用于通信、能源、环境、汽车、国防、航空航天等领域。微纳技术已是当今21世纪最为引人瞩目的高科技发展的重要研究领域之一，是多学科理论与技术交叉融合的前沿科学技术。

各行各业对尖端高新技术的需求日益迫切，不同学科领域的微纳技术各有特点。虽然陆续也有些关于微纳技术方面的教材和专著出版，但它们一般多是关注某一领域的具体个性。例如，在相关的专业图书方面，超精密及微纳制造工程技术类往往较多地聚焦在微细加工、微电子制造和微机电系统制造等方面；表面工程类多聚焦在表面成膜和改性的具体工艺技术与方法；纳米材料类多倾向于纳米织构、制备工艺与方法。而微纳器件、微纳产品等，主要是对物质在微纳米级尺度上实施加工、定位、检测等微纳行为的结果。通常，微纳行为的实施离不开微纳运动，但在关注高精度微纳米级分辨率的同时，还要兼顾大行程操作。在微纳米尺度上进行加工时，常规的机械加工及检测手段已不再适用。关于微纳运动实现技术，尤其是大行程高精度微纳运动实现技术的系统介绍，目前国内还缺少相关的专门著作，也没有将各学科领域中涉及微纳尺度的共性关键技术进行有机融合、提炼。

本书力图融汇各学科领域的微纳技术于一体，使读者通过阅读本书获得对微纳技术各领域的全面了解；通过对各种不同微纳制造技术原理和方法的提炼，使读者对各种微纳制造的共性关键知识——微纳运动系统结构、工作原理及微纳运动实现技术——有一个系统、全面的深度认识。本书的出版必将对微纳运动技术的进一步发展与应用起到积极的促进作用。

本书特别适合作为精密机械工程、机电工程、控制工程、仪器科学与工程、材料科学工程、微电子科学等专业本科生、研究生关于微纳制造的导论性教材，也可作为医工交叉学科及其他相关领域研究生和广大科学工作者、工程技术人员学习的参考资料。

本书在概述微纳技术发展应用的基础上，根据工作机理不同，将现行国内外各种形形色色的微纳运动平台装置归纳为五类，分别介绍了其原理方法和新近研究成果，同时，重点介绍了作者提出的宏宏复合微纳运动实现技术的研究成果。宏宏复合微纳运动系统具有行程大、刚性大、精度高，以及负载能力强、抗扰性好等突出特点，具有独到的创新性，较好地解决了大行程、大负载和高精度的矛盾，是其他微纳运动系统无法比拟的。

本书章节编排合理，逻辑清晰，语句通俗易懂。全书共 7 章：第 1 章主要是微纳技术及微纳技术应用与发展的综述；第 2 章主要介绍了基于智能材料的常见的微纳驱动技术类型及特性；第 3 章主要介绍了微纳运动检测技术；第 4 章概括性地介绍了微纳运动系统控制策略；第 5 章介绍了基于直线电机的单自由度微纳定位实现技术，主要讨论了电磁式和压电超声式两种情况；第 6 章主要介绍了单自由度宏微复合微纳运动的实现技术，并讨论了非线性因素对微纳运动性能的影响和补偿策略；第 7 章重点介绍了本书提出的宏宏复合微纳运动的实现技术、性能特点及低速性能。

需要指出的是，本书部分章节是作者在广泛阅读和参考微纳技术方面的著作及其他相关文献的基础上，加入作者评述而编写的，涉及的他人论述或成果的论文集、著作等均列入参考文献，方便读者延伸阅读，穷原竟委。在此也向这些著作和文献的作者们表示衷心的感谢。

本书得到了国家出版基金和湖北省学术著作出版专项资金的资助。还要指出的是，书中部分内容是在作者主持承担的国家自然科学基金“一种新型宏宏双驱动伺服系统及其微量进给特性研究”“一种大行程微纳尺度运动实现方法研究”等项目研究成果的基础上编写而成的。特别感谢国家自然科学基金的资助和支持。

本书在撰写过程中，武汉理工大学的陈定方教授、国防科技大学的范大鹏教授，以及广西大学的蔡敢为教授对本书初稿提出了宝贵中肯的建议，在此向三位同仁表示衷心的感谢。同时，感谢博士研究生王兆国、于瀚文、苏哲、刘延栋，以及孟哲、张名杨、郭春丽等多位硕士研究生同学对作者在撰写本书时的大力协助。感谢华中科技大学出版社俞道凯、邓薇等为本书出版付出的辛勤劳动。

由于作者水平有限，书中难免存在不足之处，还望读者海涵并提出宝贵意见和建议。

作者

2019 年 12 月

目录

第 1 章　绪论　/1

　1.1　对微纳技术的理解　/1

　1.2　微纳技术的应用　/3

　1.3　微纳运动实现技术及其进展　/22

第 2 章　智能材料微纳驱动技术　/31

　2.1　概述　/31

　2.2　形状记忆合金微纳驱动技术　/32

　2.3　超磁致伸缩材料微纳驱动技术　/38

　2.4　压电陶瓷微纳驱动技术　/41

　2.5　热微纳机电驱动技术　/50

第 3 章　微纳运动的传感检测　/54

　3.1　概述　/54

　3.2　微纳位移传感技术　/54

　3.3　激光干涉微纳检测技术　/74

　3.4　其他先进微纳检测技术　/80

第 4 章　微纳运动控制技术　/83

　4.1　概述　/83

　4.2　常用微纳运动控制策略　/83

　4.3　其他先进控制策略及研究　/100

第 5 章　直线电机微纳运动实现技术　/103
5.1　概述　/103
5.2　电磁式直线电机微纳运动系统　/104
5.3　压电超声电机微纳运动系统　/110
第 6 章　宏微复合微纳运动实现技术　/120
6.1　概述　/120
6.2　宏微复合微纳运动系统　/121
6.3　宏微复合微纳运动系统的非线性影响及控制　/124
6.4　宏微复合微纳运动系统应用　/135
第 7 章　宏宏复合微纳运动实现技术　/138
7.1　宏宏复合微纳运动系统工作原理　/138
7.2　宏宏复合微纳运动系统的动力学模型　/144
7.3　宏宏复合微纳运动系统的低速特性　/152
参考文献　/164

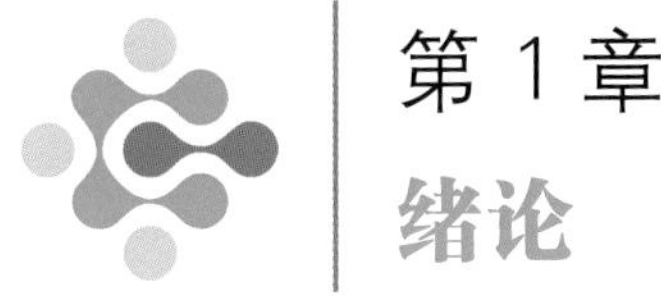

第 1 章 绪论

1.1 对微纳技术的理解

人类对自然界的认识和改造能力经过漫长历史的发展，已经由传统尺度迈向微纳尺度；工业产品的开发层次已经由传统宏观层次转向微纳观层次，达到微纳米量级。目前国际上已经开始了基因重组与编辑、光量子通信与计算、超导、碳纳米管与纳米结构自组装、微纳生物组装等前沿科技竞争。由于微纳技术关系到国家未来的发展与安全，因此各个发达国家不断投入巨资争夺微纳技术的战略制高点。

微纳技术是 20 世纪 80 年代末在美国、日本等发达国家兴起的高新科学技术。由于具有巨大的应用前景，自问世以来，微纳技术就受到了各国政府和学者的普遍重视，是当前科技界的热门研究领域之一。微纳技术涉及学科和领域很广，目前似乎还没有一个十分确切的定义。鉴于微米、纳米是一种长度计量单位，从狭义上看微纳技术就是对物质产品的可控尺度达到微纳米级的尺寸大小，而从广义上看则可以理解为：微纳技术对物质产品的认识尺度达到了微纳米级。换句话说，微纳技术是在微米、纳米尺度（从原子、分子到亚微米尺度之间）上研究物质的相互作用、组成、特性与制造方法的技术，是微米、纳米量级的材料、设计、制造、测量、控制和产品的研究、加工、制造及应用技术。

各行各业尖端前沿制造科技的发展，对加工精度要求日益苛刻，传统的加工精度已远远不能满足诸如硅芯片、大规模集成电路等高端制造的要求，因此，在微纳尺度领域就衍生发展出微纳级表面形貌测量技术，微纳级表层物理、化学、力学性能的检测技术，微纳级精度的加工技术，微纳级表层原子和分子的加工、去除、搬迁和重组技术，纳米级微传感器和控制技术，微型和超微型机械，微机电系统（micro electro mechanical system，MEMS）、纳米机电系统（nano-electro mechanical system，NEMS）和其他综合系统，以及纳米材料、纳米生物学、纳米光学等诸多细分领域的微纳科学与技术。当今，微纳技术的应用也正在极速拓展，渗透到众多学科领域和行业应用中。

在 2000 年，美国制定了第一个正式的国家纳米技术的启动计划——the U. S. National Nanotechnology Initative（简称 NNI），其中将纳米技术定义为：包含科学、工程和技术在内的对尺度在 1 nm 到 100 nm 之间的物质的理解与控制。纳米技术包含了与材料、器件和系统相关的具有纳米尺度结构和部件的新特性和新功能的研究和发展，并与信息技术、生物工程和认知科学等一起，将会发生深刻的变革和进步，涉及物理、化学、光学、医学、生物医疗、生态环保等诸多领域。纳米技术的研究与开展对世界经济、国家与领土的安全和发展具有重大的战略意义。

微机电系统（MEMS）的典型尺寸一般在 100 nm 到 1 mm 之间，其加工制造主要是指在硅、聚合物或其他材料上，利用化学的湿法腐蚀、干法刻蚀，机械与物理的材料去除加工等方法来加工。

纳米尺度一般是指 1～100 nm，纳米科学是研究纳米尺度范畴内原子、分子和其他类型物质运动和变化的科学，而在同样尺度范围内对原子、分子等进行操纵和加工的技术则称为纳米技术。尺寸小于 100 nm 的加工系统被视作纳米机电系统（NEMS）。从生物体的角度来讲，构成人类一些结构单元的尺度都在微米、纳米尺度；从材料学科上讲，微纳技术涉及微米、纳米尺度材料的制备和物性的研究，如碳纳米管、纳米球、纳米带、硅微孔的制备，以及该尺度下微硬度、弹性、黏性、导电性等特性的研究；从观察与操作上来讲，微纳技术是将高分辨透射电子显微镜（transmission electron microscope，TEM）、扫描隧道显微镜

(scanning tunneling microscope，STM)、原子力显微镜(atomic force microscope，AFM)等设备用于微纳尺度观察、检测和进行微纳米操作的研究技术；从微纳制造技术和应用的层面上来讲，微纳制造技术是指能够稳定、可重复、可控制地进行微米和纳米尺度结构制造的技术。

1.2 微纳技术的应用

随着现代技术的发展，目前微纳技术已广泛应用于大规模集成电路、光学器件、微创医疗与保健机器人、生物与微纳传感器、驱动器、纳米功能材料、表面改性、成膜与涂层等领域，涉及电子、机械、光学、物理、化学、材料、生物等多种学科，是基于制造技术的融合交叉新技术，并涵盖了微机械加工、表面成膜、半导体加工、纳米制造和生物制造等多种技术。微纳技术的研究、发展和应用渗透到各个领域，如图 1-1 所示。

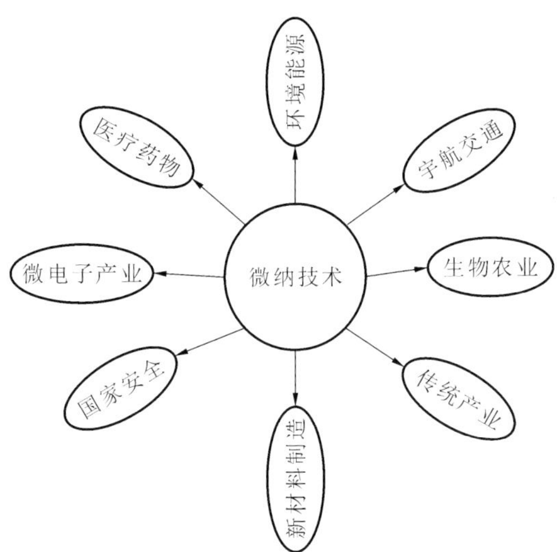

图 1-1 微纳技术应用领域

1.2.1 微纳米电子器件

微纳米电子器件指利用纳米级的微机电加工和制备技术，设计制备而成的具有纳米级尺度和特定功能的电子器件。要制备微纳米电子器件及实现其集成电路，有两种可能的方式。一种方式是将现有的电子器件、集成电路进一步向微型化延伸，研究开发更小线宽的加工技术来加工尺寸更小的电子器件，即所谓的“由上到下”的方式。另一种方式是利用先进的纳米技术与纳米结构的量子效应直接构成全新的量子器件和量子结构体系，即所谓的“由下到上”的方式。

微纳米电子器件“由上到下”的制备方法主要包括光学光刻、电子束光刻和离子束刻蚀等技术；“由下到上”的制备方法则包括金属有机化学气相沉积，分子束外延、原子层外延等外延技术，扫描探针显微镜技术，分子自组装合成技术，以及特种超微细加工技术等。通过上述两种加工方式，可以制备出多种多样的微纳米电子器件，并将其应用于各个领域。

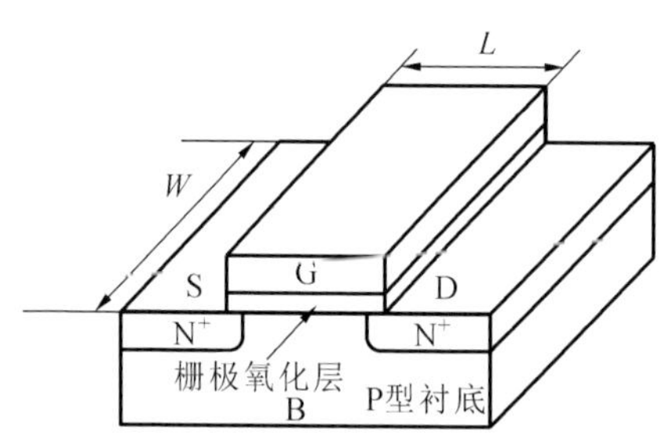

图 1-2　MOSFET 的器件示意图

依据微纳米器件的加工技术和分类组成，将其应用于各行各业，主要包括机电器械、生物医疗、材料制备、微电子和计算机行业。20 世纪 60 年代，Kahng 和 Atalla 应用热 SiO_2 结构提出并制造了世界上第一只金属-氧化物-半导体场效应晶体管(metal-oxide-semiconductor field effect transistor，MOSFET)。在此后的几十年里，以硅基 MOS 集成电路为代表的微电子技术迅速发展，单一芯片上集成的晶体管数量，即集成电路的集成度，从发明初的几颗扩展为现今的数十亿颗，且其发展速度基本上符合摩尔定律。图 1-2 展示了 MOSFET 的器件示意图。

在集成电路与器件物理的高速发展过程中，摩尔定律与 MOSFET 的器件始终处于核心指导地位，为微电子技术的发展奠定了扎实的基础，不断定义先进的技术节点。

在航空航天、汽车检测、超声医疗、无损检测等领域,基于压电效应实现微纳尺度的压电材料,在微纳器件上具有很多应用,主要包括压电陶瓷(PZT)、压电晶体、压电纤维、压电薄膜、压电聚合物等,具有响应速度快、测量精度高等特点,既能用于制作传感器又能用于制作执行器。国内外对压电材料的研究已经有几十年了,但在结构的改进、新器件的开发应用上仍然有很大的探索空间。

压电材料在微电子领域已经有很多的应用,主要集中在各类传感器和执行器中的压电谐振器,它是微电子器件的一个重要分支,也是压电材料的一个重要应用。常见的压电谐振器是薄膜体声波谐振器(film bulk acoustic resonator,FBAR),以及压电微机械梁谐振器。美国的 Kerherve 等研究出了第一款集成 FBAR 滤波器的 WCDMA(宽带码分多路访问)接收芯片,该芯片采用的是 AlN 作为传感部分,如图 1-3 所示。虽然该芯片在工艺程度及成本上都未达到产业化的地步,但这一成果促进了薄膜体声波传感器的集成化。

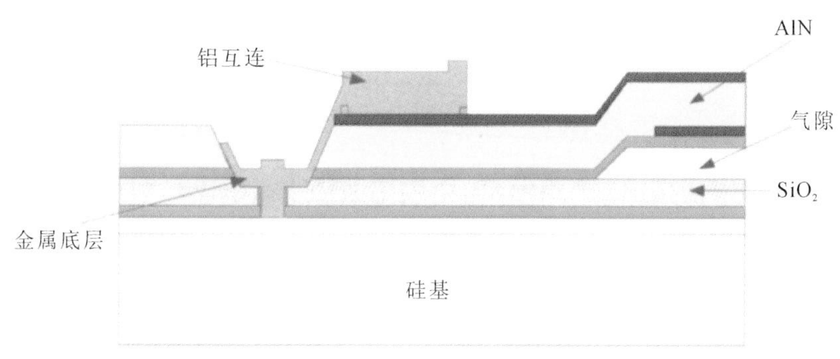

图 1-3　AlN 压电谐振器

经过多年的发展,压电材料更加广泛地应用于基于压电纤维的能量收集器、超声换能器等,基于压电薄膜的 ZnO 压力传感器、PZT 压电薄膜的微驱动器、压电微加速度计等。

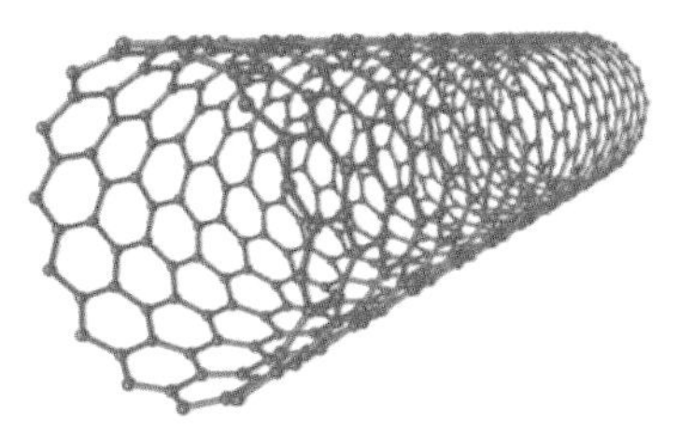

图 1-4　碳纳米管

图 1-4 所示的碳纳米管(carbon

nanotube,CNT),因优异的电学、热学、机械特性和化学稳定性,以及独特的一维纳米结构,成为应用在微纳米电子器件中的理想功能材料。与传统电子器件相比,采用CNT制作的微纳米电子器件性能更为优异。

CNT与金刚石、石墨、富勒烯一样,是碳的一种同素异形体,具有以一种管状的碳分子形成的六边形组成的蜂窝状结构骨架。作为一维纳米材料,CNT质量轻,六边形结构连接完美,具有许多异常的力学、电学和化学性能。因此,它被广泛应用于诸多领域,例如,基于导电性,被应用于锂电池的设计优化中;基于质量轻盈与新生产物氮化硼纳米管(boron nitride nanotube,BNNT)等高级纳米材料,被广泛用作3D打印材质,对航空航天、国防、能源、汽车、健康等多个行业意义重大;基于六边形的完美结构,被应用于液晶显示器和部分传感器,如CNT热膜传感器、CNT化学传感器等。这些应用CNT制作的传感器具有灵敏度高、响应速度快、体积小、功耗低和恢复性强等优点,具有传统传感器无法比拟的优势,可广泛应用在环境、农业、机械和医药等领域。

在当前电子技术微型化和高度集成化的趋势下,多铁性纳米材料的研究正逐渐成为一个重要主题。通过对多铁性材料中多重铁性能顺序参量共存、竞争、耦合行为的深入细致探索,不断挖掘出各种新颖的物理机制,可开发全新概念的量子信息器件,如多铁磁感应探头,非易失性多铁逻辑器件、高速高密度的电读、磁写、随机存储器件等。依据如图1-5所示的多铁纳米点制备方法,结合压印技术,还可制备长程有序的纳米点阵列,并制造高密度多铁性器件。在此基础上,还可以设计纳米点复合多铁性材料,实现室温下的多铁性。

综上所述,微纳米电子器件有很多制备方法,应用也多种多样,主要表现为压电陶瓷半导体材料和硅质材料微纳米电子器件,生物医疗器械中的纳米材料电子器件,机械领域内3D打印的微组件、微机电纳米电子元器件,以及化学领域内的多铁纳米结构和锂电池中的应用,涉及的领域非常多,研究应用的空间也很广阔。

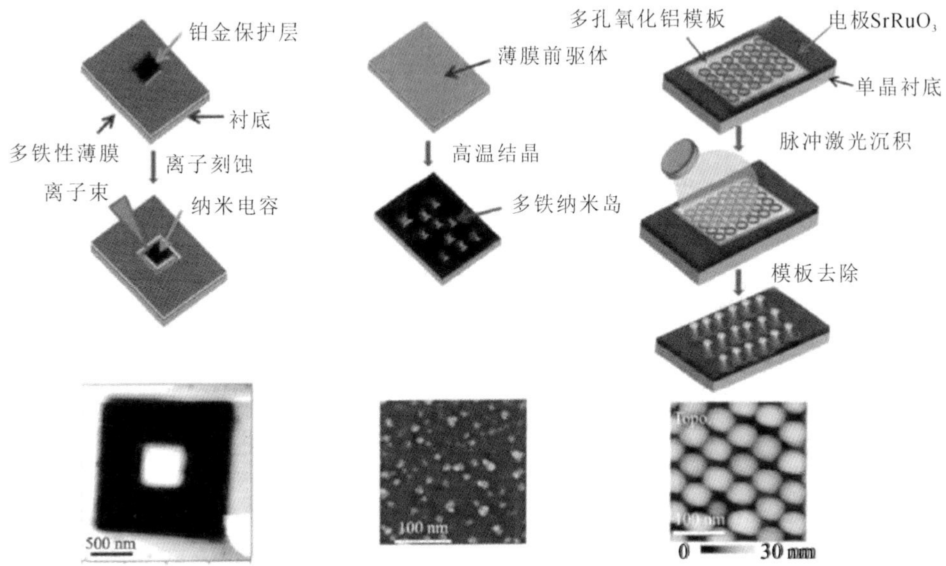

图 1-5　多铁纳米点制备方法示意图

1.2.2　纳米织构材料及碳纳米材料

从材料学科角度讲，微纳技术涉及微纳米尺度材料的制备及其物性的研究，如碳纳米管、纳米球、纳米带、硅微孔的制备，以及该尺度下微硬度、弹性、黏性、导电性等特性的研究。通过操纵物质的原子、分子结构，微纳技术实现对材料功能的控制。它使人类认识和改造物质世界的手段和能力延伸到原子和分子尺度，最终目标是直接以原子和分子，以及物质在纳米尺度下表现出来的新颖的物理、化学和生物学特性，制造出具有特定功能的产品。

1. 碳纳米材料

以碳为骨架的有机化合物构成了这个多姿多彩的世界。长期以来，人们认为碳元素只以金刚石、石墨两种同素异形体存在。金刚石具有由四配位的 SP3 碳原子形成的三维网状结构。石墨具有由三配位的 SP2 碳原子形成的平面片层结构，基本单元是平面六元环。

Hamwi 报道，碳纳米管在常压及真空或有惰性气体保护的情况下，2800 ℃退火后其结构得到大大改善。Ajayan 在大气中加热碳纳米管，发现在 850 ℃退火 15 min 后样品全部消失。利用透射电镜和扫描电镜研究碳纳米管在高压高温下退火时的相转变规律及机制发现，碳纳米管在高压高温下是不稳定的，其相转变规律为：碳纳米管→碳纳米洋葱→金刚石。在上一小节中，已经阐述碳纳米管的微观结构（见图 1-4），而碳纳米洋葱的微观形态为多层石墨面构成的洋葱状或多面体状颗粒，尺寸在纳米数量级。在制备高强度复合材料及减摩材料方面，碳纳米洋葱有广阔的应用前景。碳纳米洋葱最初是在用激光法合成 C_{60} 等富勒烯的同时伴随合成的。随后用改进的直流电弧法合成富勒烯时，又在阴极沉积物中发现了碳纳米管和碳纳米洋葱。当然还有其他方法可以合成碳纳米管和碳纳米洋葱。总体而言，富勒烯、碳纳米管和石墨都是在石墨烯的基础上转变合成而来的。图 1-6 所示为不同结构的石墨烯，图 1-7 所示为不同维度下的碳纳米结构形态。

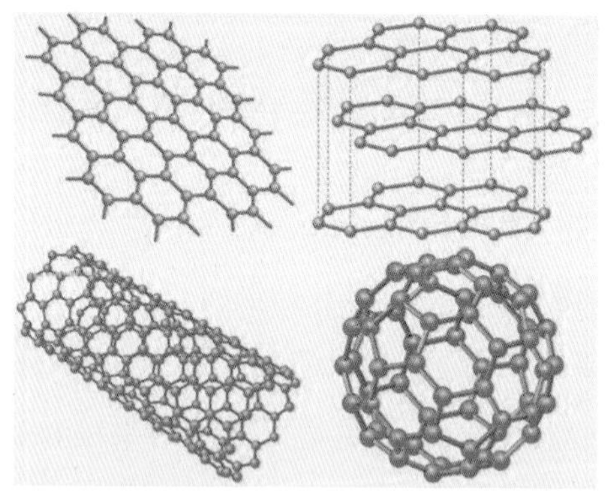

图 1-6　不同结构的石墨烯

2. 碳纳米材料的制备

图 1-6、图 1-7 所示的石墨烯又称单层石墨烯，具有一种二维平面的蜂窝状结构，也是零维的富勒烯、一维的碳纳米管及三维的石墨最基本的组成单元。碳纳米管可以看作由石墨烯直接无缝卷曲而成，根据层数的不同，可以分为单壁碳纳米管和多壁碳纳米管。而根据卷曲向量的不同，单壁碳纳米管又可以表

现出金属性或半导体性两种特性。正是凭借这些性质，单壁碳纳米管在纳米电子学领域有着令人瞩目的应用前景。二维的石墨烯本身具有半金属性，或者说是零带隙的半导体，同时具有金属和半导体的一些特性。

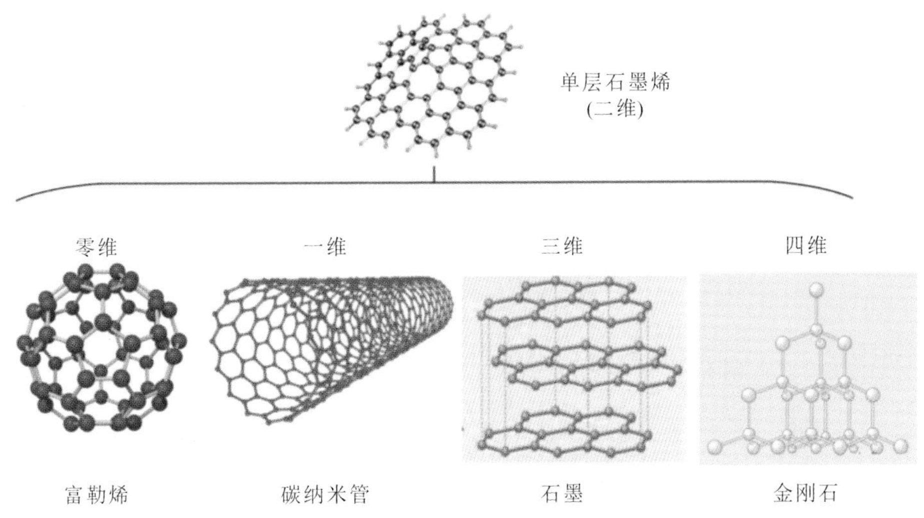

图 1-7　不同维度下的碳纳米结构形态

正是由于石墨烯纳米带与碳纳米管之间有着紧密的联系，因此通过打开碳纳米管来制备石墨烯纳米带就成为可能。由最初的机械剥离法演变为后来的各式各样的制备法，这一进化过程使得制备工艺更加精准。莱斯大学(Rice University)通过研究发现，使用浓硫酸和高锰酸钾处理多壁碳纳米管，可以将碳纳米管打开并制得水溶性的石墨烯纳米带。同时，斯坦福大学(Stanford University)利用等离子刻蚀的方法，也能将多壁碳纳米管打开制备得到石墨烯纳米带，而且该方法的可控性更强。墨西哥研究小组发现，通过锂和液氨插层后再剥离的方法或者直接通过过渡金属(Ni、Co 等)催化剪切的方式，也能将碳纳米管打开制得石墨烯纳米带。这四种方法如图 1-8 所示。

随着微纳驱动技术的发展，目前化学气相沉积(chemical vapor deposition，CVD)法已经逐渐取代了其他制备方法而成为大尺寸石墨烯制备的研究热点。通过化学气相沉积方法在图案化的 Cu 膜上制备覆盖基底的石墨烯的过程如图 1-9 所示。

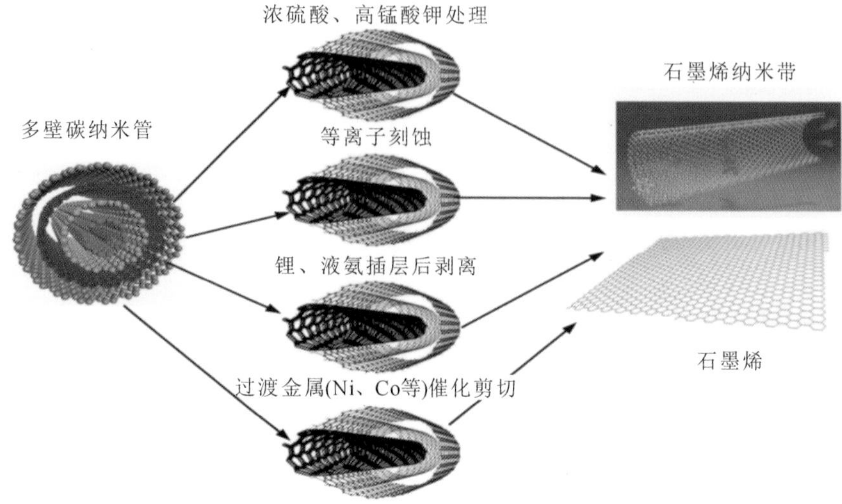

图 1-8　通过碳纳米管打开制备石墨烯纳米带的四种途径

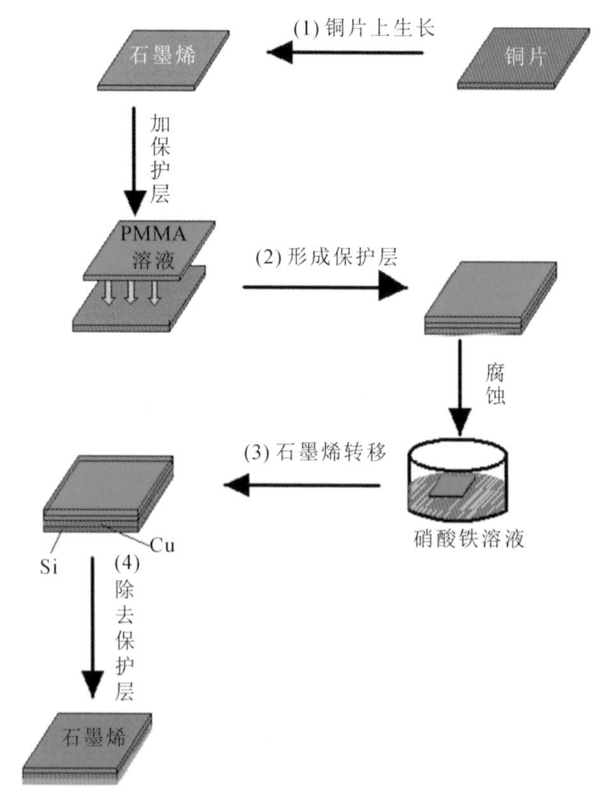

图 1-9　CVD 法制备石墨烯

3. 碳纳米材料的应用

碳纳米材料是纳米材料领域重要的组成部分，主要以碳纳米管、富勒烯、石墨烯、纳米钻石及其衍生物等结构形态存在。由于其独特的理化特性，上面这四类碳纳米材料在生物传感、生物医学工程、环保化工等领域有着广泛的应用前景。

(1)生物传感器方面的应用。石墨烯所具有的优良的电子、光学、热学、化学和力学性能，使其具有构筑探针分子和信号传递并放大的三重作用，使其成为应用于超灵敏生物传感器的理想材料。快速的电子传递和可多重修饰的化学性质使其能够实现准确而高选择性的生物分子检测。石墨烯及其复合材料在酶传感器、免疫传感器、基因传感器，以及一些生物小分子的检测等方面的应用十分广泛。

(2)生物医学工程领域的应用。例如，将碳纳米管与骨骼组织中的羟基磷灰石制成复合材料，有望在保持其生物相容性的同时，大大提高其力学性能；通过在层层自组装制备的单壁碳纳米管(SWCNTs)上培养鼠胚胎神经干细胞的研究发现，细胞能够分化为神经元和星形胶质细胞；有学者研究制备了层连蛋白-SWCNTs 薄膜，发现这种薄膜可以作为神经电极材料，促进神经干细胞的分化。在基因转染方面，已经发现碳纳米管转染 β-gal 基因的例子，发现带正电荷的氨基化多壁碳纳米管转染率高，这为基因载体治疗提供基础。此外，纳米钻石在基因载体领域的应用是目前一个新的研究方向。

(3)环境、化工领域的应用。重金属(铅、镉、铬、汞、镍等)及类金属砷一类具有高毒性、难降解、生物富集等特点的环境污染物，对生态环境和人类健康损害极大，而碳纳米管和石墨烯可用作吸附材料，去除水中重金属污染物。碳纳米管吸附重金属的效果主要受溶液初始 pH、接触时间、重金属离子的初始浓度、吸附剂的量等因素的影响。碳纳米材料在环境中的转化和降解直接影响它们在环境中的归趋及生态毒性，对该过程的研究是确定其环境可容纳量及进行生命周期评价的重要环节。

对于具有大比表面积、高电导率和良好生物相容性的碳纳米管、碳纳米纤维和石墨烯，它们在电化学领域的应用也是一个研究热点。如在超级电容器和燃料电池中的应用，它们作为燃料电池中的催化剂，能够提高燃料电池的能量密度、燃料利用率和抗中毒能力。此外，新型碳纳米材料可以应用在增强铜基复合材料的研究上，得到性能优良的高强度、高电导率的铜基复合材料。

对 CNT 进行表面改性，能改善 CNT 对橡胶的增强效果，制得表面改性的天然橡胶复合材料。

4. 其他纳米材料的制备

在新型纳米材料的制备中，为了实现物质原子或分子的主动诱导、迁移运动控制和重构，有许多方法。但各种不同的原理和方法，不外乎都是在一定条件下借助于机械的、物理的、化学的外力，驱动物质的分子或原子等精准迁移、重构、组装晶格，从而形成具有不同用途的新型纳米材料。

1.2.3 微纳生物传感器

1. 生物传感器的简介

生物传感器技术是一个非常活跃的交叉研究领域，它处在生命科学、化学、物理学、工程加工技术及信息科学的交叉区域。生物传感器技术的研究重点是：广泛地将各种生物活性材料与传感器结合，研究和开发具有识别功能的换能器；基于这些材料和器件设计新的分析方法、制造新型分析仪器，并研究和开发它们在生物传感领域的应用；从用一种或多种酶作为分子识别元件的传感器，逐渐发展出基于其他多种生物分子识别元件的传感器。例如抗原-抗体、激素-受体、蛋白质-配体、DNA 双螺旋拆分的分子等，把它们中的一方固定后，这固定的一方都可能作为分子识别元件来选择性地检测另一方，这一类生物传感器一般称为亲和型生物传感器。亲和型生物传感器利用生物分子识别技术（基于亲和力的识别技术），将生物反应的信息通过与之相连的信号换能器转换成可记录的信息，可对生物反应进行定量分析或半定量的分析，如图 1-10 所示。

亲和型生物传感器不仅可以用于分子探测，而且还是疾病诊断、基因筛检和药物研发的重要工具。通过分析，亲和型生物传感器记录的实时信号，可以

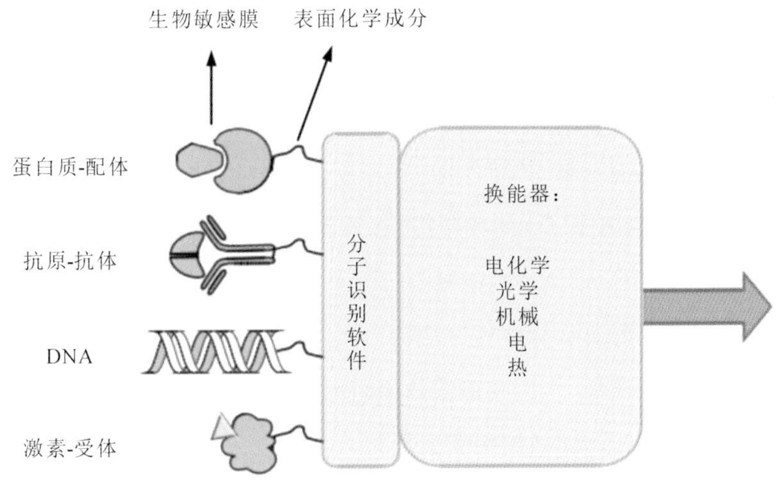

图 1-10　亲和型生物传感器传感原理示意图

监测生物分子结合和分解的动态过程，确定生物分子相互作用的结合平衡常数，以及结合、解离速率常数等，从而提供被分析物与目标检测物的结合强度等信息。这些信息对临床诊断和药物开发具有重大的意义，例如由此筛选出效果显著、可供进一步研发的高选择性治疗药剂。

2. 生物传感器向微观尺度的发展

传统生物传感器的尺寸通常处在宏观尺度或者毫米尺度。得益于微纳技术和生物电子技术的发展，常规尺度的传感器已逐步过渡到微纳米尺度，同时提高了对生物特异性反应的检测精度。微纳米尺度敏感元件具有更高的表面-体积比，因而其物理性质更易受到外部的影响；但同时，随着尺度继续向原子极限缩小而具有更高的结构密度和更高的捕获效率，其灵敏度也得以大幅提升。纳米线、碳纳米管、纳米粒子和纳米棒等已逐步发展为未来亲和型生物传感器的关键敏感膜。目前微纳生物传感器的研究呈现以下三个趋势特点。

(1)集成微流控的高密度的微纳传感阵列芯片。

诸多研究成果证实了把成千上万的微悬臂梁、微流道集成到一个毫米级单芯片上的可行性，如利用晶圆级转移技术将微机电系统(MEMS)器件成功地从一片晶圆可靠地转移到另一片晶圆，并以此实现了每平方毫米 100 个悬臂梁及每平方毫米300个互连结构的高密度结构器件。

(2)进一步提升检测灵敏度,加强对非特异性吸附的有效抑制。

一方面,微纳生物传感器可检测极低浓度的蛋白质相互作用(例如抗原-抗体),以实现对一些重大疾病(例如前列腺癌、艾滋病等)的早期检测。另一方面,非特异性绑定和其他诸如传感器漂移等因素,将逐步取代传感器的固有质量灵敏度,成为影响微纳生物传感器在医学领域的检测精度的主要因素。借助预先浓缩、免疫亲和损耗、标准程序抑制白蛋白等手段,微纳生物传感器可以在一定程度上提升检测能力,但其最终效果将因竞争分子与目标物在浓缩过程和损耗过程中的相互"连带"效应而大大弱化。

(3)面向细胞间信号传导、活体细胞行为检测的"智能型"生物传感芯片。

除了继续研究用于传统的基于"钥匙-锁"这一类别检测的亲和型生物传感器,检测并跟踪复杂的生物分子瞬时相互作用及分子行为,对于深入理解生命活动意义重大,这也将是下一代生物传感的一个重要的发展方向。这其中包括利用微加工手段制备新型的智能型生物传感器,以用于监测复杂的细胞间信号传导、细胞裂解物分析、跨膜蛋白或离子通道蛋白在细胞膜表面的行为,等等。

3. 新生代生物传感器

传统生物传感器的一个大类基于标记检测技术。典型的标记物包括荧光、蛋白酶、放射性物质、量子点等。然而,这些基于标记的检测技术难以给出生物分子结合过程的实时动态信息,有很多不足之处。随着MEMS加工工艺和压电薄膜沉积技术的飞速发展,基于微加工的薄膜体声波谐振器(FBAR)逐渐发展成为具有气体探测、化学检测及生物分子检测多种能力的生物传感器。典型的FBAR传感器如图1-11所示。

单芯片集成CMOS振荡电路的FBAR阵列如图1-12所示。振荡电路用于将谐振信号放大并形成反馈,补偿其在液体中的能量损耗,从而维持持续的高强度谐振。集成在同一基板上的频率计可以精确追踪谐振器的谐振频率,从而实现自动传感。

近年来,压电MEMS薄膜谐振器被越来越多地应用于生物传感领域。例

图 1-11 FBAR 传感器照片

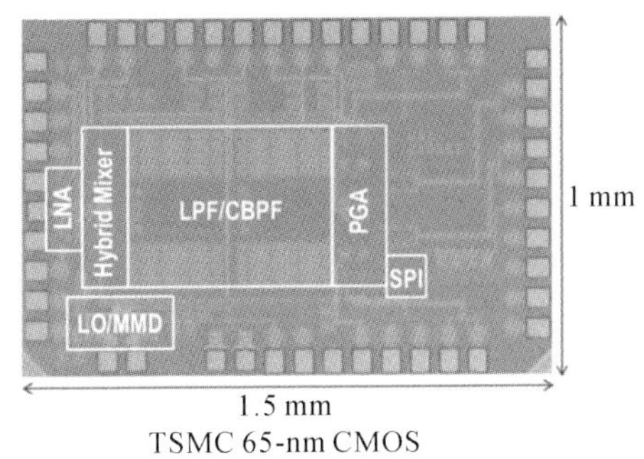

图 1-12 单芯片集成 CMOS 振荡电路的 FBAR 阵列

如，在 DNA 上的杂交检测：微传感器因具有高通量 DNA 序列检测能力，被认为在基因测序分析、基因图谱绘制、基因突变研究等诸多 DNA 相关领域具有巨大潜力。又如，蛋白质的检测：对压电谐振器表面进行不同的修饰，将其浸没于含有蛋白质分子的溶液中，或通过集成于谐振器表面的微流道将目标溶液引入，可以检测种类丰富的蛋白质分子。再如，免疫传感器的应用：基于 PZT 压电材料的薄膜谐振器已被用于检测多种抗体-抗原反应。而且，由于传感性能的不断提升，谐振传感器的质量灵敏度与谐振器自身的质量及声波路径的长度成反比，与其谐振频率近似成正比。品质因数 Q 通常由多种损耗机理决定，包括固定端能量损耗、热弹性损耗、声子间作用损耗、材料缺陷、黏弹性损耗等。

集成电化学与 FET(field effect transistor，场效应晶体管)的微纳谐振生物传感器研究，被广泛应用在电化学传感器上，通过检测生物分子自身的氧化还原信息，或检测其携带的氧化还原标记物的信号，或检测分子吸附造成的界面阻抗改变等，实现界面传感。FET 传感器通过检测界面处的电荷密度变化实现对目标物质的检测。由于目标物质在特定溶液环境中通常带有不同程度的正负电荷，这些正负电荷随物质吸附到界面上后，与 FET 半导体材料里的电子发生相互作用，从而改变 FET 自身的电学特性。因此，FET 传感器可以直接检测由物质吸附导致的界面电荷变化，从而对目标物质的性质和浓度进行直接、定量的检测。

1.2.4 微纳制造方法

微纳制造就是将制造的几何尺寸稳定地控制在微纳米量级的制造，这是一种狭义的理解。而从广义上看，微纳制造则是对制造的认识尺度达到微纳米量级的制造。常规尺度产品中关键的微结构特征需要通过微纳制造技术来实现，这些微纳结构特征的加工质量的好坏直接关系到产品的总体性能。各行各业尖端技术的需求不断促进微纳制造技术的发展，以物理的、生物的或化学的方式对物质对象的结构进行加工成形，各种微纳制造方法和技术也不断丰富，已经形成一个庞大的微纳制造技术体系。微纳制造技术领域的划分概况如图 1-13 所示。

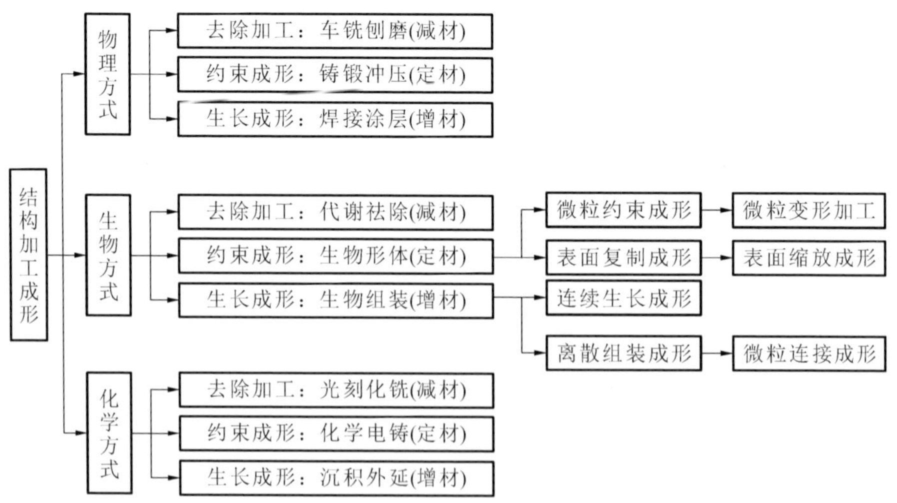

图 1-13 微纳制造技术领域的划分概况

从材料流变特征看，图 1-13 所示的微纳制造方法也可以概括分为微纳减材、增材及定材三类。每种类型根据加工成形机理和工艺的不同，又分为很多不同的具体加工制造方法。

1. 微纳减材加工技术

微纳减材加工一般是指通过高分辨率的实体微小刀具，利用机械力的作用，实现对工件材料微量去除加工或通过极微细切削实现纳米级精度的微细加工方法。根据微小型构件的加工要求，适用于微细切削的刀具或工件直径应小于 1 mm，最小加工特征尺度应在亚微米至数十微米之间。按照刀具类型和切削方式进行区分，微细切削刀具主要有微细车削、微细铣削、微细磨削、微细钻削和微细车铣复合加工等形式。由于微细切削是微量切削，因此其具有特殊的切削机理。

特征尺度的减小，使微细切削在表面力学、摩擦学和传热学等方面有着与常规尺度切削截然不同的特点，其切削机理与常规尺度切削有着很大的区别。微细切削尺度的急剧减小，带来了不可忽视的尺度效应影响，使得常规尺度切削理论中可以忽略的错位问题凸显出来，其非自由切削程度明显高于常规尺度切削，因此，非自由切削成为微细切削的主要表现形式。微细切削极小的吃刀量可能小于晶粒的大小，这时刀刃上所承受的切应力不再是晶粒之间的破坏力，而是要超过晶体内部的原子或分子结合力的破坏力；同时，刀尖几何参数对加工质量的影响也不能再被忽略，而应成为建立切削模型、理解切削过程的重要理论依据。依据加工工艺机理特征不同，常用的微纳减材加工具体方法主要有微纳车、铣、钻、磨、研、抛、电加工、激光切割与刻蚀等。

1)微纳车削

微纳车削适用于加工具有微细圆柱轴、端面、台阶轴、螺纹、螺旋槽等结构的回转体，应用成形车刀还可以加工各种微小异型结构。采用超声振动原理的微纳车削是一种行之有效的加工手段。

2)微纳铣削

在微结构制作及材料去除加工中，微纳铣削加工技术可以获得较高的加工效率和表面质量，表现出极强的发展潜力。微纳铣削的具体工艺方法很多，如超声微铣削、微雕、微纳飞切等，各自具有不同的特点和加工条件。

3)微纳车铣复合

微纳车铣复合加工是基于车铣原理的微细加工方法。微纳车铣复合加工不是普通意义上的车削与铣削功能的简单组合，它利用铣刀旋转和工件旋转的合成运动来实现回转体工件的切削加工。微纳车铣复合加工的最主要优势在于，通过车铣联动，不需要工件高转速，而是利用铣削主轴的高转速和工件-刀具的速度合成，来解决车削微细轴时线速度不足的难题，实现高速切削，从而显著提高微细轴的表面加工质量和加工效率。

4)微纳钻、攻

微纳钻、攻加工是微细孔加工中最重要的工艺之一，可加工直径小到 20～30 μm、表面粗糙度 Ra 可达 0.2 μm 的孔。它可应用于电子、精密机械、仪器仪表、钟表等行业，如加工手表底盘、国Ⅵ发动机喷嘴、化纤喷丝孔、印刷电路板的微孔等。

5)微纳磨、研、抛、喷

微纳磨削、研磨、抛光及磨料喷射等加工能够实现亚微米级甚至纳米级的极高精度加工，能够加工金刚石刀具不宜切削的钢、铁材料和玻璃、陶瓷等硬脆材料。这种微纳加工方法是一种切屑厚度小到晶粒大小的极薄切削，在晶粒内进行，因此切削力必须超过晶体内部非常大的原子、分子结合力。故可知，这种微纳加工方法对提供切削力的磨料及其微纳运动控制精度要求极高。

6)微纳电加工

微纳电加工方法主要有微纳电火花加工、微纳电化学腐蚀加工等。微纳电火花加工是应用较为广泛的微细特种加工方法，具有设备简单、可实施性强和真三维加工能力，不仅可加工各种性能优良的金属、合金，还可加工硅等半导体材料、陶瓷等。微纳电加工方法的能量易于控制，可较为方便地实现去除加工。微纳电火花加工尺寸精度可达 0.1 μm、表面粗糙度 $Ra<0.01$ μm。

7)微纳光刻与刻蚀

微纳光刻工艺是一种非常重要及常用的微纳米加工工艺,是制造各种集成电路的主要办法,也是集成电路制造工艺发展的驱动力,对于芯片性能的发展有着革命性的贡献。光刻作为一种微纳米级加工工艺,提高分辨率是其最为重要的核心技术问题。

在纳米尺度光刻需求越来越广泛的情况下,对高分辨率光刻的要求也越来越高。光刻的分辨率与曝光光源的波长成反比。若要提高分辨率,就需要使用波长更短的曝光光源。因此,目前世界上采用波长更短的极紫外(extreme-ultraviolet,EUV)光源的光刻技术——极紫外光刻代表了光刻发展的最高水平,其精度可以达到 5 nm,相比紫外光刻,极紫外光刻的分辨率大大提高了。同时,为了进一步提高分辨率,现已发明了 X 射线光刻技术,X 射线的波长比紫外光的波长更短,因此可以获取更高的分辨率。

微纳米加工的最终目的是在各种功能材料上制作微纳米结构。光刻技术只是整个加工过程的第一步,下一步是将光刻图形转移到功能材料表面。而在各种功能材料上形成纳米结构的技术是刻蚀技术。刻蚀是指用化学或物理方法有选择地从功能材料表面去除不需要的材料,在功能材料上正确地复制掩膜图形。

在微纳制造中有两种基本的刻蚀工艺:干法刻蚀和湿法刻蚀。干法刻蚀是把功能材料表面暴露于等离子体或气体中,等离子体或气体通过掩膜中开出的窗口,与功能材料发生物理或化学反应(或同时发生两种反应),从而去掉暴露的表面材料。干法刻蚀技术有:等离子体刻蚀技术、气象刻蚀技术等。在湿法刻蚀中,液体化学试剂(如酸、碱和溶剂等)以化学方式去除表面的材料。湿法刻蚀一般用于尺寸较大的情况,或用于去除干法刻蚀后的残留物。

2. 微纳增材加工技术

最典型的微纳增材加工技术就是近年来发展迅速的精密 3D 打印技术。3D 打印技术是依据三维 CAD(computer aided design,计算机辅助设计)软件的设计数据,采用离散材料(液体、粉末、丝、板块等)基于逐层累加原理制造实体零件的技术，是数字化技术、新材料技术、光学技术等多学科技术发展的产物。其工作原理可以分为两个过程：一是数据处理过程，即将三维 CAD 图形数据分解为二维数据的过程；二是制作过程，即依据分层的二维数据，采用一定的增材制造手段制作分层薄片，再将每层薄片叠加起来构成三维实体的过程。目前主要的几种微纳增材制造方法有：微电子器件喷印技术、微纳树脂 3D 打印成形技术、金属 3D 打印成形技术、微纳表面成膜技术。

1）微电子器件喷印技术

立体喷印技术适用于半导体、电介质、金属焊料、有机材料等多种材料的喷射成形，可以用来制造有机薄膜晶体管、太阳能电池、发光二极管、光电探测器等。另外，利用喷印技术，可以制造微电子器件的内部连线，使用金（Au）、银（Ag）等金属纳米粒子油墨，可以精确控制皮升级小液滴的体积及其落在基板上的位置，从而形成连续或断续的金属焊线。基板只需在 100～200 ℃加热处理，就可以形成最终图案，并可具备溅射金属同等程度的导电性能。

2）微纳树脂/金属 3D 打印成形技术

光固化成形、熔融沉积制造和立体喷印等多种 3D 打印技术都可用于树脂的 3D 打印成形。光固化成形（stereo lithography apparatus，SLA）的原理是利用紫外激光固化成形对紫外光极为敏感的树脂材料。其成形过程为：按照零件的分层信息，聚焦激光束对树脂槽中的树脂表面进行逐点扫描，被扫描的树脂产生光聚合反应而瞬间固化形成零件的一个薄层，逐层扫描将固化层黏合为三维零件。熔融沉积制造（fused deposition modeling，FDM）是利用电热等热源融化丝状材料，通过精确控制三维运动平台，逐层堆积形成三维实体的技术。其材料通常为丝状低熔点塑料。FDM 成形原理与立体喷印技术原理类似，但 FDM 原料是固体材料，需要加热熔化的环节。

对于金属的精密 3D 打印，激光选区烧结、激光选区融化和激光近净成形等技术都适用。

3）微纳表面成膜技术

薄膜制造是一种典型的微纳增材制造技术，是实现器件微型化和集成化的有效手段，是提升关键结构机械、电磁和化学耐性的重要方法，主要包括物理气相沉积(physical vapor deposition，PVD)、化学气相沉积(CVD)、表面物理液相沉积、化学液相沉积、微纳表面喷涂与改性等微纳制造技术。

物理气相沉积是指利用物理过程实现物质转移，将原子或分子由靶源转移到基材表面(母体)上的过程。它的作用是可以使某些有特殊性能(如导电性、散热性、耐腐蚀性等)的微粒均匀致密地沉积到母体上，使得母体具有更好的性能。PVD基本方法有真空蒸发、溅射、离子镀膜。根据凝聚条件的不同，PVD可以形成非晶态膜、多晶膜或单晶膜。镀料原子在沉积时，若与其他活性气体分子发生反应而形成化合物膜，则称膜层为反应镀膜；若同时有一定能量的离子轰击膜层从而改变膜层结构和性能，则称膜层为离子镀膜。

化学气相沉积(CVD)是利用气相化学反应，在高温、等离子或激光辅助等条件下控制反应气压、气流速率、基片材料温度等因素，从而控制纳米微粒的成核生长，获得纳米结构的薄膜材料的过程。它本质上属于原子范畴的气体传质过程。

化学液相沉积是利用离子在液相发生化学反应，实现薄膜沉积的一种成膜方法。电镀、化学镀和溶胶-凝胶法是现代表面成膜技术的重要组成部分，按成膜介质划分，它们都属于化学液相沉积成膜方法。化学液相沉积因设备操作简单、工艺过程易于控制、可镀材质广泛、镀层成本较低而被广泛应用于各个工业领域。

微纳表面喷涂是以涂料为原料，通过一定的喷涂工艺手段，使涂料在被涂物表面形成装饰、具有防护和特殊功能涂膜的过程。常用的涂装方法有刷涂法、浸涂法、辊涂法、淋涂法、喷涂法、激光熔覆等。此外，现代涂装技术的发展中，出现了热喷涂、静电喷涂、电泳涂装等特殊涂装方法。

3. 微纳压印技术

微纳压印从材料质量流变角度而言属于一种定材制造方法，即材料没有增减，一般是通过加热、加压等工艺手段借助模具约束材质的流动运动，从而精确地复制具有纳米精度的图案。微纳压印从宏观方面看主要包括四个核心工艺：

制作模具、压印材料、衬底及图形转移外场和选取控制方式。整个微纳压印工艺包括两个基本流程:压印填充和固化脱模。微纳压印技术主要有热压印、紫外光压印、激光辅助压印和软性压印等技术,可以实现将 100 nm 的线宽提升到 5 nm 的精度。

微纳压印技术通常指的是热压印技术,该技术只要简单的设备和工艺,就可以得到复制精度很高的图案,且分辨率可达亚微米乃至纳米级。热压印主要应用具有纳米尺度的模具来模压旋涂在晶圆衬底上的聚合物材料,聚合物材料在模压前必须加热到其玻璃转化温度以上,此时压印会在聚合物材料中形成与模具相反的图案,然后可以再用 O_2 等离子体刻蚀工艺去除残留的聚合物薄层并根据需要进行后续的图形转移。

在光学领域,微纳压印可以用来制备高密度光栅、亚波长光栅、金属光栅起偏器、大波长范围抗反射层,以及四分之一波片等,满足原来光刻难以达到的性能要求。

微纳压印技术作为一门新颖而实用性很强的应用技术,发展非常迅速。它在纳米电子器件、纳米光学元件、纳米生物传感器及其他具有纳米结构的功能图形制作方面,将显现出独特的技术优势。

1.3 微纳运动实现技术及其进展

微纳制造技术就是对制造的认识尺度达到微纳米级的制造技术,使制造对象在外力或外场作用下在几何尺度上获取一种可以微纳米量级表征的形性运动变化行为。实施这种形性微纳尺度量级运动行为的系统则为微纳运动系统。因此,微纳运动系统的基本特性就是其定位和运动控制精度必须达到微纳米尺度等级。该系统是集微纳运动机构,微纳制动/驱动技术、微纳位移检测技术,以及微纳控制技术于一体的有机综合体。在这些技术中,如果某一方面得到改进或提高,都将使其获得整体性发展。

微纳运动系统的发展源于微机械的研究,早在 20 世纪 60 年代,美国就开始了微机械研究，并运用硅片腐蚀方法制造了应用于医学的计算机电极阵列探针，接着又在微传感器等方面取得了诸多成果。美国在微纳技术方面的这些早期的发明和探究，最终奠定了其今天在该技术领域中的领先地位。相较于美国，日本起步略晚，但是由于政府、学术界及产业界的高度重视，日本在微细工具与微细加工、微流量泵、微传感器、微继电器等方面的研究也获得了较快的进展。德国更是已研制成功振动和加速度传感器、流量与温度传感器等各种微型构件。国内由于技术基础、资金等方面存在的问题，对微纳技术的研究起步较晚，在研究规模、技术水平方面与先进国家相比还存在一定的差距，但随着各方面研究的不断投入，也取得了一定的进展。例如，清华大学研制成功了多晶硅梁、微流泵与阀、微弹簧等微器件，哈尔滨工业大学(简称哈工大)研制出了电致伸缩陶瓷驱动二自由度机器人，位移范围为 10 mm×10 mm；另外，上海交通大学(简称上海交大)、西北工业大学(简称西工大)、中国科学院上海光学精密机械研究所(简称中科院上海光机所)等一些单位在微纳运动驱动如柔性微致动器、多晶硅齿轮、微静电机、微机械测试技术等方面做了不少研究工作。

近年来，随着《中国制造 2025》等纲领性文件发布，中国版“工业 4.0”的“智能制造”成为发展性课题，引发了国内多项产业的创新转型大风潮，多种新领域(如航天技术、生物医学、微电子技术等)为加快自身发展，对微纳米机械和微纳运动实现技术的诉求更加迫切。

1.3.1 各种微纳运动实现技术

超精密加工技术自 19 世纪 60 年代初期形成以来，其精度已由 1～0.5 μm 发展到 0.05～0.005 μm 的水平。当前许多尖端科技产品的零部件，都有着更高的精度要求，例如，光学系统中的高精度非球面镜片等都必须经过超精密车削、磨削、研磨、抛光等精密加工和超精密加工，达到不大于 10 nm 的加工精度要求；作为微电子器件衬底的超硬材料 SiC 单晶晶片，其平坦度、翘曲度及表面粗糙度等均要求达到纳米级。为了达到亚微米级乃至纳米级的定位或持续进给，传统的驱动和传动方法将不再适用，必须寻求新的途径。因此，海内外学者经过多年的攻关研究，提出了众多不同形式的微纳进给机构。

近年来微纳运动实现技术发展迅猛，是实现精密仪器设备高精度的关键技术之一。目前国内外已有许多应用微纳进给技术的实例，如表 1-1 所示。

表 1-1　微纳进给技术应用对比

国　家	研制单位	驱动方式/机构	行　程	分辨率/μm	应用设备
美国	BTL	摩擦驱动			图形发生器
	NBS	压电驱动	50 μm	0.001	电子束曝光机
	Yose mite	伺服马达	100 mm	0.01	分步重复照相机
	GCA	直线电机		0.03	X 射线曝光机
	Micronix	压电驱动	51 mm	0.01	精密平移台
	Burleigh	压电驱动	25 mm	0.01	电子束曝光机
日本	日立制作所	压电驱动	±8 μm		电子束曝光机
	武藏野	电磁驱动	±20 μm	0.01	X 射线曝光机
	富士通	楔块、丝杠	2 mm	0.03	掩膜对准仪
中国	中科院电工所	压电驱动	±6.4 μm	0.08	图形发生器
	哈工大	步进电机	20 μm	0.01	车床(微纳运动)
	清华大学	楔块、丝杠	300 μm	0.05	投影光刻机
	东北大学	电磁驱动			图形发生器
	国防科技大学	电致伸缩	20 μm	0.1	车床(微纳运动)

注:表中“研制单位”一列因表格限制，只给出简称或者业内通识的缩写。

根据不同的原理，将国内外现有的微量进给机构分为直线电机式、机械传动式、弹性变形式、电致伸缩式、磁致伸缩式、柔性铰链式等形式。将这些不同工作机理的微运动进给机构，根据其微量驱动形式，归纳为四类。

1. 基于智能材料的微量变形驱动

基于智能材料的微量变形驱动依靠具有形状记忆、弹性(热)力变形、电(磁)致伸缩效应变形等性能的功能材料属性实现微量进给驱动。这类机构一般分辨率较高，但行程范围却很小，很难满足大行程范围且具有高精度的要求。同时，在其行程范围内还存在迟滞非线性的影响，使得其精度可控性变得较差。

图 1-14 所示为韩国学者所研究成功的线性尺蠖马达，压电陶瓷制作的驱动部件能实现百毫米行程范围内的纳米级进给，但由于尺蠖运动的间歇性而无法实现连续运动。

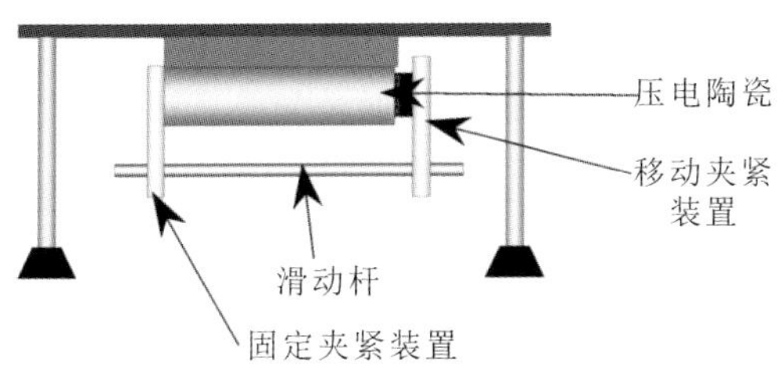

图 1-14　线性尺蠖马达

基于压电驱动技术的超声波马达微纳运动机构采用一种新的直驱方式，超声波马达的驱动力来自超声振动，其结构如图 1-15 所示，行波型 USM（超声波马达）由定子和转子（运动体）组成。其中定子是由环状弹性体和下面粘有经极化处理过的压电陶瓷（见图 1-15 右图）组成。转子通过锥形弹簧压在定子上，且压力 N 大小可调，保证二者接触良好。将压电陶瓷分成空间互差 90°（即 $\lambda/4$，λ 为波长）的 A、B 两部分（A 区、B 区），且在这两部分上分别通以时间上互差 90°的两相高频超声频率的正弦波，便会产生弯曲振动行波，如图 1-16所示。设弹性体厚度为 T，当弹性体激发产生弯曲行波后，行波型 USM 依赖定子所产生的弯曲振动行波使得定子表面粒子 P 做椭圆运动，进而驱动转子产生回转运动。

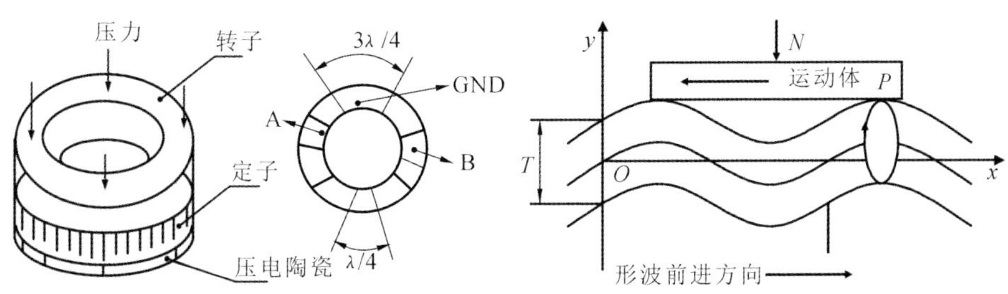

图 1-15　超声波马达结构简图　　**图 1-16　超声波马达工作原理图**

由于超声波马达具有结构简单、惯量小、响应快速、断电自持、传动效率高、噪声低、能获得低速大扭矩、在恶劣环境下的热稳定性高、可直接驱动等特点，因此其在近 20 年中得到了迅猛的发展。例如，考纳斯科技大学(Kaunas University of Technology，KTU)的学者研制的超声波马达在百毫米行程范围内定位精度可达 0.015 μm。

2. 基于直线电机驱动的微纳运动系统

这类系统由于由直线电机直接驱动，没有中间传动环节，因此机器总体结构尺寸大大缩小了，而且响应速度快、随动性强，其位移分辨率能够达到 0.05 μm。永磁式直线电机用于微纳运动驱动中，容易引入振动从而使系统的稳定性和动态性能变差。因此，目前直线电机主要应用在高速、轻载、小工作范围的半导体行业和印刷线路板等制造设备上。这类微量进给机构的位移分辨率和定位精度一般较低。

3. 基于“电磁驱动＋机构”组合的微进给运动系统

这类系统主要是基于电(磁)力与机械结构的组合，即根据电磁力驱动、摩擦驱动、扭轮驱动、蠕动、超声振动、惯性-摩擦等原理，并和杠杆机构、(差动)螺旋机构、凸轮机构、楔块机构，以及螺旋-楔块、齿轮-杠杆等进行有效组合的微量运动实现系统，来满足大行程与高精度的要求。但由于受到机械传动间隙、摩擦磨损及低速爬行等的限制，其运动灵敏度和精度都难以达到很高的水平，因此这类系统主要适用于中等精度加工。

图 1-17 所示是基于斜面自锁原理设计的斜楔自锁式微量进给机构。新加坡学者应用此原理成功研制了压电自锁式线性马达，可在较大行程范围内实现 10 nm 分辨率的微纳运动，且具有 1176 N 的输出力。该类进给机构结构简单、便于控制、位移分辨率高、输出驱动力大，但无法实现正反两方向的连续运动。

如图 1-18 所示，美国学者应用平行电极之间产生的静电力作为驱动力成功研制了静电尺蠖平移微动台，可以实现在 50 mm 行程范围内，位移精度达到 0.05 μm 的进给运动。此类机构结构简单、定位精度高、便于控制，但由于静电力产生的输出驱动力很小，因此一般在检测系统中应用。

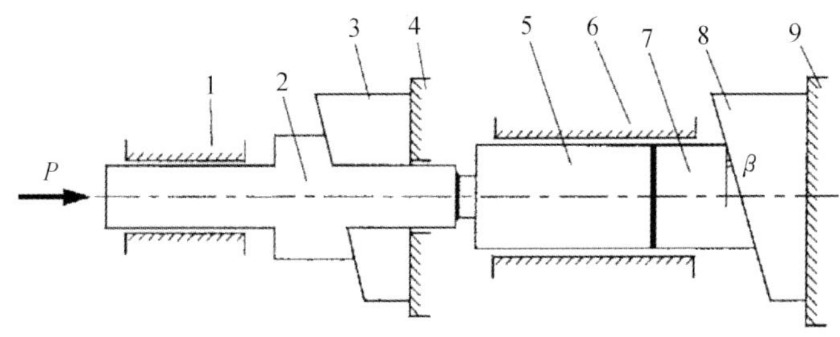

图 1-17　斜楔自锁式微量进给机构结构简图

1,6—滑动导轨;2—输出杆;3,8—斜楔;4,9—斜楔座;5—压电陶瓷;7—驱动器支持部件

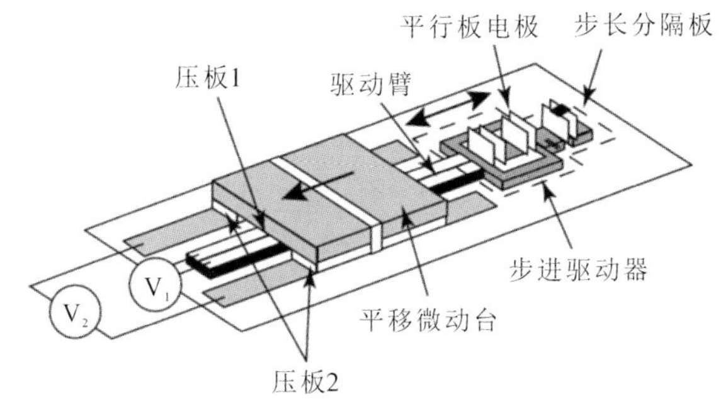

图 1-18　静电尺蠖平移微动台

4. 复合驱动微纳运动实现系统

这种系统是由"常规伺服系统＋微纳驱动系统"构成的宏微复合双驱动系统。该系统通过常规的伺服系统在大行程范围内实现粗定位,在接近定位位置时由串联叠加的微纳驱动系统实现精确定位,即通过机电伺服与智能材料相结合的宏微双驱动系统实现大行程微纳精度的定位和运动控制。智能材料的微量变形驱动更多的是采用分辨率极高的压电晶体陶瓷驱动器结构,实现精确的微量进给精定位,从而满足大行程高精度进给需要。

根据宏微双驱动原理,国内外专家学者设计了许多能在大行程范围内实现位移分辨率为纳米级的微量进给机构。例如,加拿大 McMaster University 成功研制了二维宏微双重驱动系统;日本日立制作所研制的三维微动工作台,用于投影光刻机和电子束曝光机,其二维工作台的宏动行程为 250 mm×250 mm,分辨率为 0.5 μm,被固定在宏动工作台上的微动工作台,在 X、Y 方向的行程均为 20 μm，位移分辨率为 10 nm。又如，对微位移刀架采用宏、微结合双驱动进给系统，美国劳伦斯·利弗莫尔国家实验室（Lawrence Livermore National Laboratory，LLNL）和英国 Cranfield 公司分别设计出了世界公认较高水平的大型光学金刚石车床（large optics diamond turning machine，LODTM）和 OAGM2500 大型超精密机床。

我国在宏微双驱动微量进给方面的研究与国外相比起步较晚。近几年来，国内同济大学、西安理工大学、哈尔滨工业大学、浙江大学等也相继对宏微双驱动微量进给机构进行了研究。

目前实现大行程、高精度运动控制的有效策略是采用宏微双驱动技术，但该技术存在刚度小、非线性、迟滞、有蠕变等明显缺点，定位精度受到迟滞非线性的影响而大打折扣。例如，压电陶瓷微位移机构的性能受位移重复性、检测精度、瞬态响应速度、可控性等非线性特性的影响而变差。

近年来，作者发明了一种新型宏宏双驱动微量进给伺服系统及控制方法。这种方法基于螺旋传动差动复合原理，借助双驱动型滚珠丝杠螺旋传动副，通过两个伺服电机分别带动丝杠、螺母进行两个宏观的准等速旋转运动的差动复合来获得微量的直线进给运动，是当前获取大行程、高精度的一种较为理想的微纳运动实现技术。宏宏双驱动微量运动系统与宏微双驱动微量运动系统比较，恰恰克服了后者存在的刚度小、非线性、迟滞、有蠕变等缺陷，拥有大行程、高刚度、高精度、快速响应等特点，具有优良的极低速性能。

1.3.2 微纳位移检测技术

为实现微纳位移运动的高精度性能，必须采用闭环控制的方法，相较于开环控制，其控制系统的精度较高，可达亚微米甚至纳米级别。而在闭环系统中，位置检测装置是重要的反馈元件，因此测量装置与测量技术的精度在很大程度上决定了整个微纳运动机构的精度。表 1-2 所示为当前常用的几种精密位移测量仪器的性能对比。

表1-2　常见精密位移测量仪器性能比较

位移测量仪器种类	位移分辨率	测量精度	测量行程	测量速度(频响)
双频激光干涉仪	0.1 nm	0.1 μm/m	10 m	0.5 m/s
X射线干涉仪	0.005 nm	0.01 nm	200 μm	10 μm/s
电容传感器	1 nm	5 nm	50 μm	500 Hz
电感传感器	5 nm	20 nm	10 μm	100 Hz
原子力显微镜	亚 nm	—	50 μm	较慢
扫描电子显微镜	1 nm	—	5 mm	较慢
光栅传感器	1～10 nm	0.1 μm	10 m	0.1～1 m/s

电容/电感测微仪虽然测量精度高、价格低，但是其最大测量范围只能达到几十微米，并且存在测量的稳定性不佳、有漂移，以及对测量环境条件要求严格等缺点(其中电容测微仪还存在需要匹配电容传感器中的各个电容参量、电容检测的后处理困难的缺点)。

激光干涉仪的优点是分辨率高、测量范围大和测量精度高等，但在实际测量中，激光束的波长容易受到空气中气压、温度、湿度等因素的影响而发生变化，导致测量精度降低，而且测量系统构成复杂、成本高。

光栅尺测量在结构上体积小，在光/电路及数据处理方面比较简单，抗噪能力强、稳定性高、零点漂移小，特别适合用于机电控制系统；而且相对于激光干涉仪测量，光栅尺测量对环境条件的要求也要低得多，便于使用。因此，光栅尺测量已普遍应用于需大量程、高精度线位移测量的设备，以及超精密加工机床等先进制造装备。

目前国际上著名的光栅尺生产厂家主要有：德国的 HEIDENHAIN(海德汉)公司、英国的 RENISHAW(雷尼绍)公司和美国的 MicroE System 公司。它们代表了目前光栅制造技术和光栅测量技术的国际最高水平。然而，光栅因受光衍射现象的影响，一般测量精度难以达到0.1 μm。

与光栅测量相比，激光干涉测量则是以激光波长(632.8 nm)为长度基准，这个基准是普通光栅栅距的1/10，因此相对容易获得较小的测量当量，而且分量的范围大。因此，激光干涉测量最常用于超精密位置测量装置中。

相较于单频干涉仪，目前双频干涉仪在精度性能及抗干扰能力上更显优越。

1.3.3 微纳运动控制技术

微纳运动控制技术大体上包括控制系统、控制方式及控制策略三方面的内容。近年来，DSP(digital signal processor，数字信号处理器)等高性能微处理器和嵌入式系统在控制电路上的应用及计算机性能的提高，一方面使得控制系统控制技术从专用控制计算机控制逐步向开放式通用 PC(personal computer，个人计算机)控制发展；另一方面，也使得许多先进的控制策略应用于微纳运动控制成为可能，如模糊运动控制、神经网络控制、自抗扰控制等。但是，目前这些控制策略的应用尚处于理论阶段，在实际应用中占据主导地位的依然是 PID (proportional-integral-derivative，比例-积分-微分)控制，其算法简单、鲁棒性好且可靠性高。为了解决传统 PID 控制在实际生产中存在的缺陷，目前发展了多种现代控制和智能控制技术，从而完成对 PID 的智能设计与整定。新型现代控制、智能控制理论和方法，将为微纳运动控制技术这一领域不断注入新鲜血液。

总的来看，近年来微纳技术领域发展较为多元化，取得的成果也很可观。本书后续内容主要针对国内外微纳运动实现技术的发展和研究成果，进行系统性的总结介绍，并重点介绍作者研究的大行程微纳运动实现技术的研究成果，以此抛砖引玉，供广大读者学习参考。

第2章 智能材料微纳驱动技术

2.1 概述

智能材料是20世纪80年代末兴起的跨学科综合研究领域，涉及材料、物理、化学、力学、电子、机械、控制甚至生物学等领域。智能材料是由机敏材料、常规结构材料、信息交换与处理材料等多种材料（或元件）复合而成的新型材料系，如图2-1所示。它具有感知外部环境和内部状态的改变，并通过自身机制对信息加以识别和推断，进而合理地决策并驱动结构做出响应的能力，即具有类似生物的自适应能力。

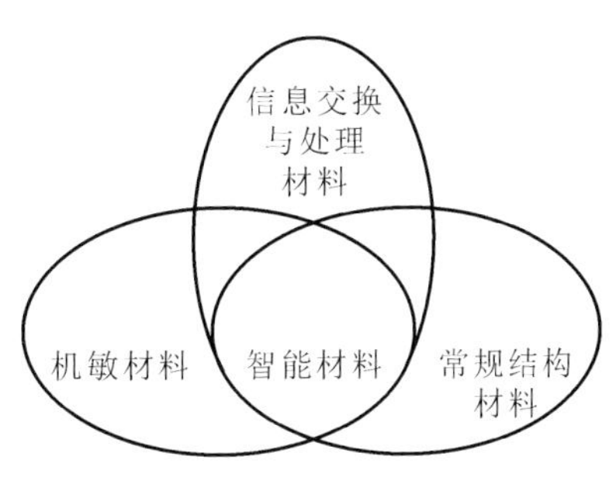

图2-1 智能材料领域

将具有仿生命功能的材料融合于基体材料中，使制成的构件具有人们期望的智能功能，如具有驱动、识别、分析、处理及控制等多种功能，并能进行数据的传输和多种参数的检测，而且还能够动作，具有改变结构的应力分布、强度、刚度、形状等多种功能，从而使结构材料本身具有自诊断、自适应、自学习等能力，这种结构称为智能材料结构。可见，智能材料的结构和制造是不可分割的，它不同于传统的结构材料和功能材料，模糊了结构与功能的明显界限，趋向于结构功能化和功能多样化。应用智能材料结构，有利于使传感器、执行器和电子控制电路等融为一体，以满足微机械体积小、精度高、重量轻的需求，以及实现微机械的多功能化和智能化的集成。目前智能材料结构引起了人们的广泛关注，为微机械的研究开辟了新途径。

常用于实现微纳运动位移的智能材料有硅材料、形状记忆合金、电致伸缩材料、电（磁）流变材料、导电聚合物等。根据特定微纳运动系统要求，融材料为一体的智能结构主要有主动控制类和被动控制类。前者是一种智能化结构，具备先进和复杂的功能，能主动检测结构的静态、动态等特性，比较检测结果，进行筛选并确定适当的响应，控制不希望出现的动态特性。后者低级而简单，只传输传感器感受的信息，如应变、位移、温度等，其结构与电子设备相互独立。

2.2　形状记忆合金微纳驱动技术

形状记忆合金（shape memory alloy，SMA）是指具有形状记忆效应的合金。所谓形状记忆效应，是指某些材料虽然在一定的外部条件下能够产生形变，但也能够在某些条件下恢复到变形之前原始形状的一种能力。

2.2.1　形状记忆合金功能材料特性

形状记忆合金对形状的记忆能力可分为单程、双程、全方位形状记忆，目前发现的具备这些特性的材料都是通过人工混合几种不同金属而生成的合金。人们把 SMA 做成花、鸟、鱼、虫等各种造型，只要将这些 SMA 造型浸入不太热的水中，一瞬间，花开放、鸟展翅、鱼摆尾、虫蠕动，栩栩如生，真如魔术般使人惊叹，这些都是形状记忆合金“特异功能”的显示。图 2-2 所示为 CuZnAl 记忆合金片记忆效应的展示，花蕾直径为 80 mm，展开直径为 200 mm。其记忆效应展示条件为：以热水或热风为热源，开放温度为 65～85 ℃，闭合温度为室温。

目前所研究的具有形状记忆效应的材料除温控形状记忆合金（除特殊说明，后面出现的“形状记忆合金”或 SMA 均指的是温控形状记忆合金）外，还有磁控形状记忆合金（magnetic shape memory alloy，MSMA），后者是直到 1993

图 2-2　CuZnAl 记忆合金片记忆效应展示

年才被发现的具有形状记忆功能的智能合金材料。与温控形状记忆合金相比，MSMA 是一种通过磁场来控制形变的记忆合金。目前所研究的 MSMA 的主要成分大多是 Ni-Mn-Ga，其在室温下理论上的直线变形率为 10%，弯曲率高达 18%。现阶段发现的具有磁控形状记忆效应的合金还有 Ni-Mn-In、Ni-Mn-Co-In 等。与磁控性的磁致伸缩材料进行比较，MSMA 具有较大的变形率和响应频率。同磁致伸缩、温控形状记忆合金，以及电、磁流变体等材料相比，MSMA 具有磁场驱动下的形状记忆效应，具有变形率大、力能密度大、动态响应速度快(是温控形状记忆合金的 80 倍左右)、线性度好和易于控制等特点。

虽然形状记忆合金的"记忆"功能首次被发现迄今已有 80 余年，但作为一种新型机敏材料，其应用已涉及电子、电器、汽车、航空航天、医疗、能源、机械、土木工程等领域，并且其应用领域还在不断扩大。

2.2.2　形状记忆合金微纳驱动原理

1. SMA 直线驱动器驱动原理

近几年，智能材料发展十分迅速，国内外相继研制出了多种能投入实际应用的产品。以智能材料作驱动元件的直线驱动器因具有独特的性能越来越受到学术界和工业界的重视。其中，SMA 所具有的功重比大，集驱动、传动和传感于一身，变形量大等优点，使得它在智能材料应用领域具有独特的应用前景。

SMA 的驱动机理不仅利用了它的形状记忆效应，更依靠其特殊的力学性能。在常温马氏体相时，它的屈服应力很小；当温度逐渐升高，其屈服应力随之变大；而当其完全处于奥氏体相时，屈服应力达到最大状态。SMA 这种常温马氏体相时柔弱、高温奥氏体相时强硬的特性，即 SMA 的奥氏体刚度大于马氏体刚度，使其在高温相变过程中能输出较大的驱动力，高温时能产生较大的回复力。SMA 驱动器正是利用这种特殊的力学特性对外做功的智能机构装置。根据驱动元件的不同，SMA 驱动器可分为：SMA 丝驱动器、SMA 弹簧驱动器、SMA 薄膜驱动器等。其中，SMA 丝驱动器和 SMA 弹簧驱动器应用得比较多。

智能材料直线驱动器的驱动原理分为惯性仿生蠕动、冲击移动、slip-stick 移动、push-slip 移动等。基于智能材料的直线驱动器，大多以温控形状记忆合金材料、压电陶瓷材料和磁控形状记忆合金作为驱动元件，以智能材料的单次动作为基本驱动，再利用位移累加或位移放大手段，来增加或累加位移量，从而满足一定的设计要求。

图 2-3 所示为 SMA 丝直线驱动机构。这种设计采用滑轮组来增加合金丝长度，从而产生更大的位移。滑轮 4 没有固定，合金丝加热收缩，通过三角放大机构放大输出位移。

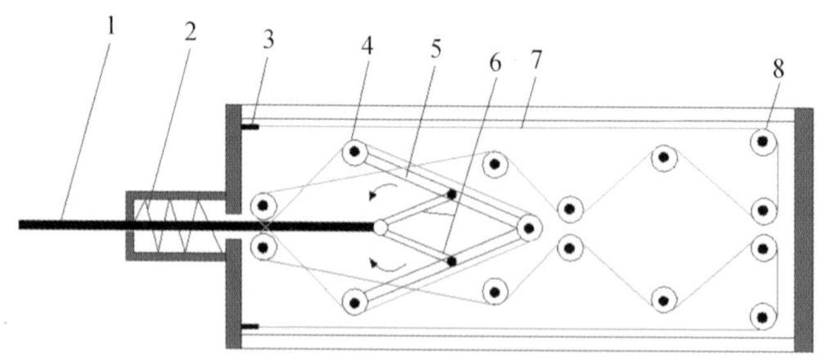

图 2-3　SMA 丝直线驱动机构

1—推杆；2—弹簧；3— SMA 丝固定座；4—动滑轮；5，6—三角放大机构；7—SMA 丝；8—定滑轮

除了采用三角放大机构的 SMA 丝直线驱动器，中国科学技术大学的杨杰

教授课题组采用了螺母锁紧位移累加方式，原理如图 2-4 所示。其 SMA 驱动器采用形状记忆合金驱动或压电陶瓷位移步进，再用螺母锁紧，循环累加位移量。

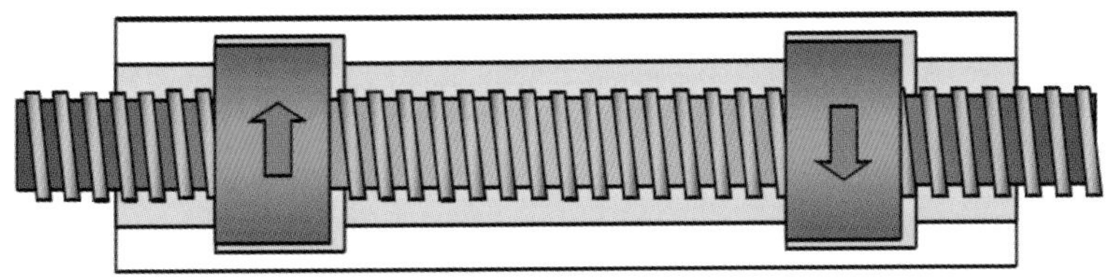

图 2-4 螺母锁紧位移累加原理

SMA 可在特定的温度范围内产生与温度成函数关系的应变，可将热能转换为机械能，再通过控制加热或冷却，即可获得重复性很好的设定的循环动作。SMA 直线驱动器工作原理如图 2-5 所示，这里划分了 5 个步骤。

步骤 1：以力 F 作用在右端的驱动板和锁紧螺母上，使右锁紧螺母运动至右端。

步骤 2：左边 SMA 加热后收缩做功，使驱动板和锁紧螺母运动到左边。

步骤 3：保持左边 SMA 做功，将右边锁紧螺母旋转到最右端。

步骤 4：左边 SMA 冷却，右边 SMA 加热做功使驱动板运动到右端。

步骤 5：将左边锁紧螺母旋转到右端，回到初始状态。

上述过程中，通过对 SMA 驱动元件进行周期性的加热、冷却，SMA 片呈周期性地缩短伸长，形成单步位移；再采用丝杠螺母副，利用自锁效应，将 SMA 的单步小变形逐步累积，从而实现较大的位移输出，同时保持了 SMA 的大输出力特性。

2. MSMA 微位移驱动器驱动原理

类似 Ni_2MnGa 的磁控记忆合金材料既具有类似于热弹性马氏体相变的形状记忆效应，又可在马氏体状态下，由磁场诱发应变，产生形状记忆效应，且这种磁控形状记忆效应具有响应速度快的特点，可有效弥补传统温控形状记忆合金响应频率低、磁致伸缩材料输出变形小的不足，是一种理想的智能驱动材料。

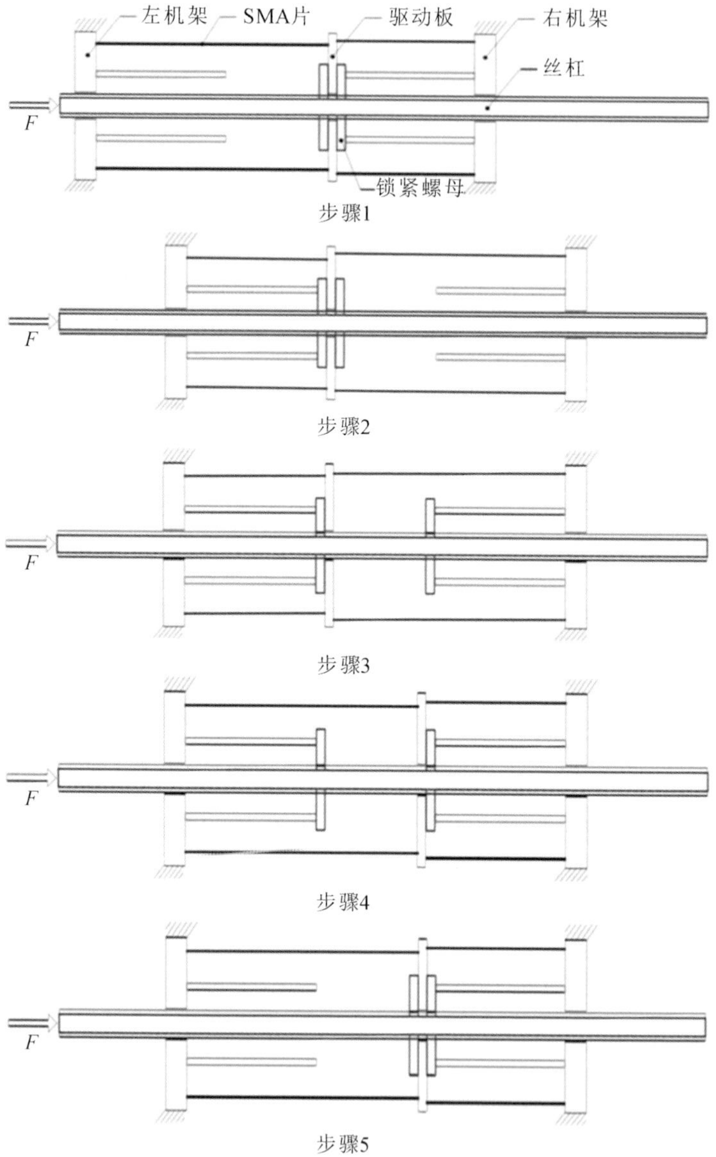

左机架 SMA片 驱动板 右机架
丝杠
F
锁紧螺母

步骤1

F

步骤2

F

步骤3

F

步骤4

F

步骤5

图 2-5　SMA 直线驱动器工作原理

虽然 MSMA 材料的形变率较大，但仍然难以直接制造大行程的驱动器。根据仿生学蠕动原理，可利用 MSMA 小步距的位移连续累加来制造大行程的驱动器。

MSMA 除了具有温控特性和磁控特性外，还具有 Villary 特性。Villary 特性是指在外加磁场中，给 MSMA 施加外力，其磁化强度发生变化。根据这个原理，当给 MSMA 施加磁场时它会伸长，去掉磁场后施加外力，MSMA 就会缩短，其缩短的过程是 MSMA 在磁场下伸长的逆过程。MSMA 驱动器就是根据磁控特性和 Villary 特性制作的。图 2-6 所示为一种典型的 MSMA 驱动器的工作原理。图 2-6 中，磁场由励磁装置产生，励磁装置主要由铁芯和线圈组成，线圈缠绕在铁芯上，磁场大小与方向可通过调节线圈中的电流进行控制。当线圈里有电流通过时，电磁铁产生垂直于 MSMA 元件的磁场，则 MSMA 元件在磁场的作用下发生伸长变形。磁场去掉以后，MSMA 元件保持变形后的形状不变，此时通过加在 MSMA 元件上的弹簧压力使其恢复变形，从而实现驱动功能。图 2-7 显示了 MSMA 驱动器工作时 MSMA 的变形过程。

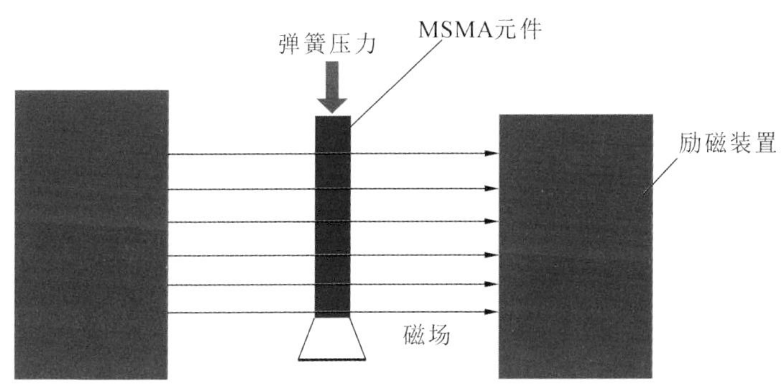

图 2-6 MSMA 驱动器工作原理图

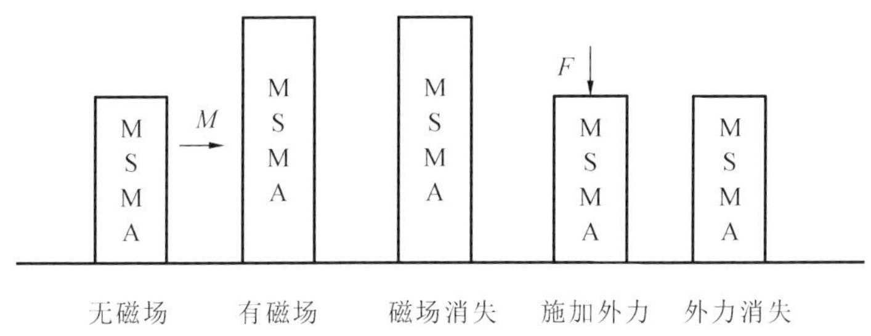

图 2-7 MSMA 变形示意图

2.3 超磁致伸缩材料微纳驱动技术

超(巨)磁致伸缩材料(giant magnetostrictive materials,GMM)是20世纪70年代出现并发展起来的一种具有磁致伸缩效应的,能实现电—磁—机械能量转换的新型功能材料。该材料具有致动和传感的功能。致动是指GMM材料在磁场作用下发生尺寸的变化,即可将磁能(可由外绕线圈通过电流产生)转换为机械能,产生机械运动。同时,GMM具有压磁效应(磁致伸缩的逆效应),即在外力作用下材料磁化状态发生变化,因此可做成各种传感器。利用GMM开发的各种具有驱动和传感功能的器件叫作超磁致功能器件。将传感和驱动功能器件通过计算机通信技术、控制技术有机地结合起来,就形成了智能结构或智能系统,系统可以感知力、位移、振动、声、磁等,进而根据需要做出响应,故GMM是一种重要的智能材料。

2.3.1 超磁致伸缩功能材料特性

与目前应用广泛的压电陶瓷相比,超磁致伸缩材料具有一些突出的优点。

(1)可产生5～10倍于压电陶瓷的静态应变,可达(1500～2000)ε,$\varepsilon=\Delta L/L$。在共振频率下,动态应变比静态应变还要高出几倍。由于激励磁场驱动是通过电流产生的,因此负载两端电压较小。

(2)结构紧凑,工作频率范围宽(零至数百或数千赫兹)。有恒定响应的稀土超磁致伸缩材料换能器能代替数个不同频率响应的压电换能器,能量转换时损耗低。

(3)工作温度范围宽(稀土超磁致伸缩材料Terfenol-D的工作温度范围为−50～70 ℃)且温度稳定性高。当工作温度超过其居里温度时,磁致伸缩性能不会发生不可逆变化,而压电陶瓷即使工作在居里温度的一半,压电性能也会受到不可逆的损害,超过居里温度时则完全失去极性。

(4)与压电陶瓷等常规智能材料相比,具有较高的能量密度和输出功率。

同时，利用超磁致伸缩材料设计开发的微位移致动器具有分辨率高（微米级）、反应速度快（微秒级）、输出力大、体积小、驱动电压低、传动无间隙、控制系统简单等优点。凭借其优越的性能，超磁致伸缩材料一直受到国内外学者的关注，成为研究的热点，并取得了一定的研究进展。

2.3.2 超磁致伸缩微纳驱动原理

1. 超磁致伸缩直线电机驱动原理

直线电机可以将电能直接转换为机械能，并进行直线运动。超磁致伸缩材料的绝对位移仍然较小，但是通过尺蠖原理制成直线电机，则可以大大扩大行程，且保持较高的定位精度。

尺蠖型直线电机的基本工作原理源于自然界尺蠖运动。尺蠖型直线电机以智能材料为驱动元件，通过单步微小位移不断累加，实现大行程输出，且具有负载能力强、定位精度高的特点。典型的尺蠖型直线电机包括两个钳位机构和一个驱动机构，统称为致应变激励单元（induced-strain activation element）。根据致应变激励单元的不同配置方式，尺蠖型直线电机分为爬行式、推进式、混合式。

图 2-8 所示为基于尺蠖原理的 Kiesewetter 直线电机。Kiesewetter 将 GMM 棒密切地配合组装在定子管内，用驱动线圈产生磁场。当磁场从管的一端移动到另外一端，管内的 GMM 交替伸缩从而产生运动。若磁场的运动取反向，则棒也随之做反向运动。这种电机可以产生最大 1000 N 的驱动力，200 mm 的有效行程和 20 mm/s 的速度，分辨率为 2 μm。Kiesewetter 直线电机是掉电自锁的，这是机器人应用领域所必需的重要的特性。

2. 超磁致伸缩微纳驱动器驱动原理

精密位移驱动器，也称精密位移执行器，是一种能够输出精密位移（包括线性位移和角位移）的驱动机构，是精密位移系统的核心部件，直接影响整个系统的最终输出性能。同时，精密位移驱动器要求材料性能优越，能够降低能耗和提高系统性能，更重要的是能进行微型化和集成化。图 2-9 给出了一种可实现

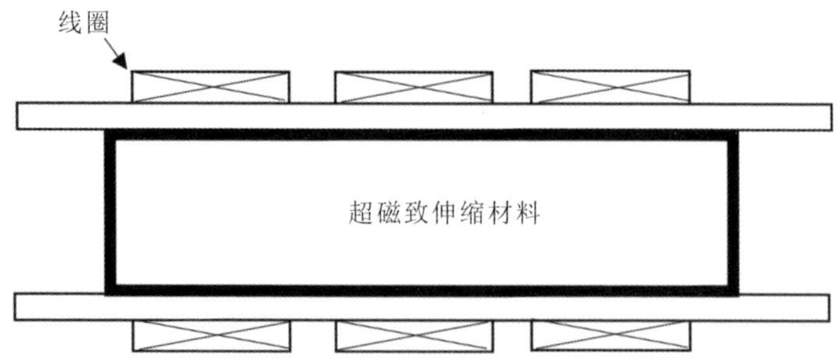

图 2-8　基于尺蠖原理的 Kiesewetter 直线电机

双头输出的无永磁偏置超磁致伸缩微纳驱动器的结构。其工作原理为：在线圈中通入电流，棒体上会产生驱动磁场，在驱动磁场的作用下，棒体会发生伸长或者收缩，推动输出杆运动。这样将电磁能转换为机械能。其中输出杆、端盖、套筒均为导磁材料，一起和超磁致伸缩材料棒构成闭合磁路。端盖与套筒采用细牙螺纹连接，通过调节端盖的旋紧程度来设定 GMM 棒的预应力。

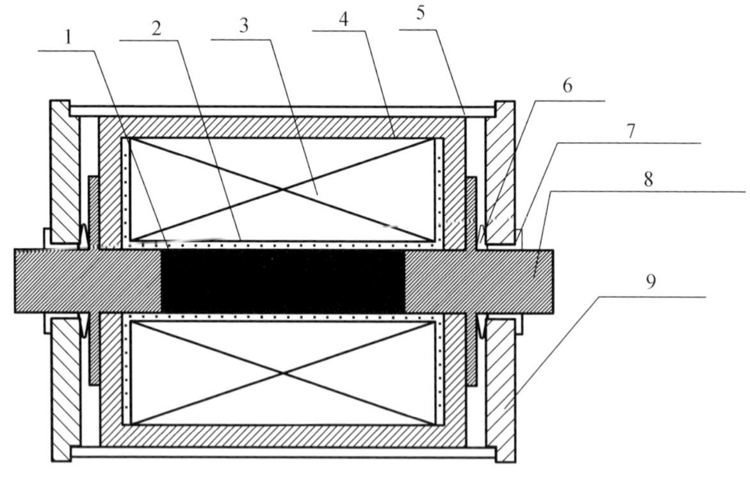

图 2-9　无永磁偏置超磁致伸缩微纳驱动器结构示意图

1—GMM 棒；2—线圈骨架；3—线圈；4—轭铁；5—套筒；6—碟簧；7—调整螺母；8—位移输出杆；9—端盖

与无永磁偏置的超磁致伸缩微纳驱动器相对应，还有一种永磁偏置的超磁致伸缩微纳驱动器结构，两者唯一的不同之处在于永磁偏置的超磁致伸缩微纳驱动器的套筒是永磁体。永磁体会在腔体内添加预偏置磁场，这样超磁致伸缩材料棒会有一定预伸长量。当驱动磁场与永磁预偏置磁场同向时，棒体会伸长；当驱动磁场与永磁偏置磁场反向时，棒体就会收缩。

2.4 压电陶瓷微纳驱动技术

压电陶瓷微位移器件是一种新型的微位移驱动器件，它利用陶瓷材料在外加可控电场作用下产生的形变输出微位移，避免了机械结构中的摩擦、间隙，理论上具有无限的分辨率。同时它还具有体积小、重量轻、结构简单、易于控制、响应速度快、无须润滑、没有发热问题等优点，是理想的微纳位移驱动器件，常见的各种规格形式的多层叠堆压电陶瓷微动器（也称为压电陶瓷致动器）如图 2-10 所示。根据实际需求，可由压电陶瓷致动器构成各种不同的纳米级精密一维、二维及多维定位工作台。

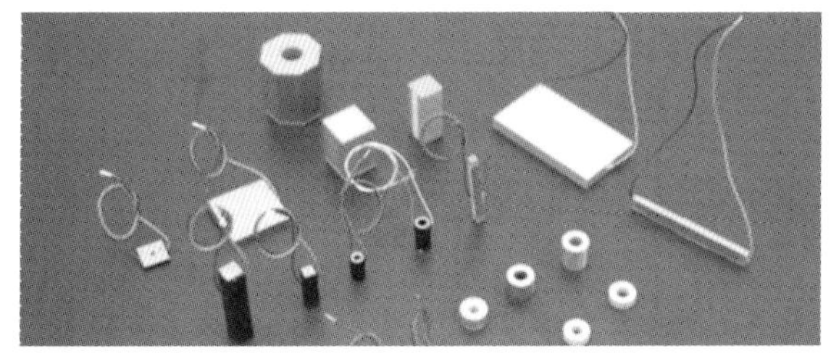
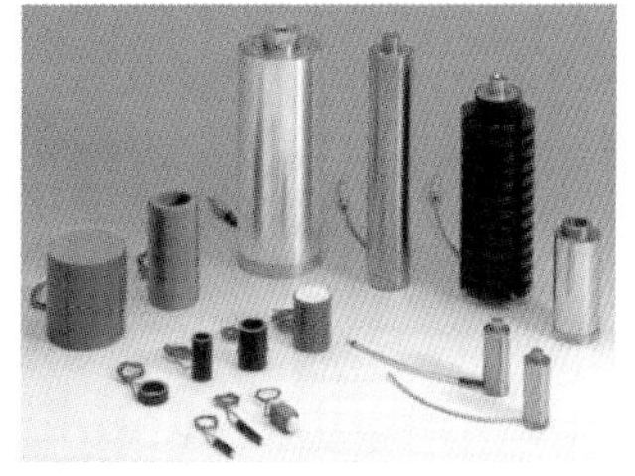

图 2-10　多层叠堆压电陶瓷微动器

在电场的作用下，压电材料有两种效应，即正压电效应和逆压电效应。在硅材料的晶体上施加压力的时候，压电陶瓷致动器的两个端面上会有正负电荷聚集，即正压电效应；相反，在硅材料的晶体上施加电场，引起极化现象时则会产生与电场强度成比例的力，即逆压电效应。正逆压电效应统称为压电效应。在普遍的使用情况下，一般均利用的是压电陶瓷致动器的逆压电效应，即在压电陶瓷致动器的两个端面上施加电场，使正负电荷聚集，进而使硅材料产生机械变形。

2.4.1 压电陶瓷功能材料特性

压电陶瓷(PZT)由于采用铁磁材料,因此具有铁磁材料的特性。在压电陶瓷的特性中,对压电陶瓷致动器精度影响最大的三个特性即迟滞、蠕变和非线性,在要求精度比较高的情况下,还要考虑外加载荷和致动器本身所特有的启动电压等因素的影响。

1. 迟滞特性

如图 2-11 所示,压电陶瓷的升压和降压曲线之间存在位移差称为迟滞现象,如不加处理,会对其应用产生影响。迟滞特性分别表现为升压和降压时,输入和输出的关系与时间变化不对应。通常产生这种现象的材料不仅仅是压电材料,还有超导材料和磁致伸缩材料。迟滞现象影响因素有陶瓷的成分、压电元件的结构、工作电压范围和负载等。

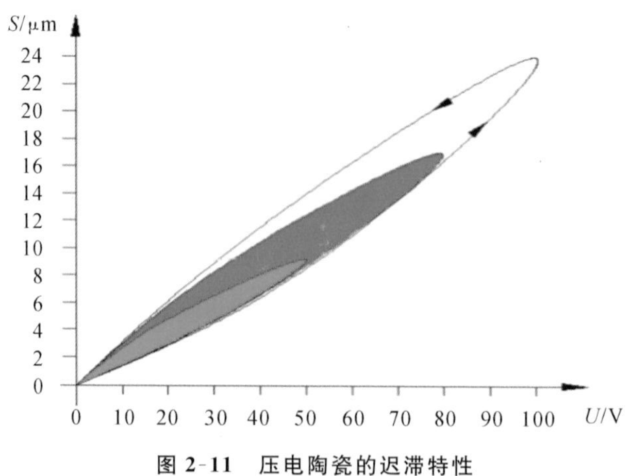

图 2-11　压电陶瓷的迟滞特性

2. 蠕变特性

当在压电陶瓷致动器上施加一定的电压并保持恒定的时候,其对应的位移值并不是固定值,而是会随着时间变化,经过一段时间后才会达到相对稳定的值。同时,这种现象持续的时间也会随着材料的老化逐步增加,见图 2-12。现在消除它的办法只有通过对控制系统进行补偿来实现精度的提高,但前提是有足够高精度的位移检测设备。

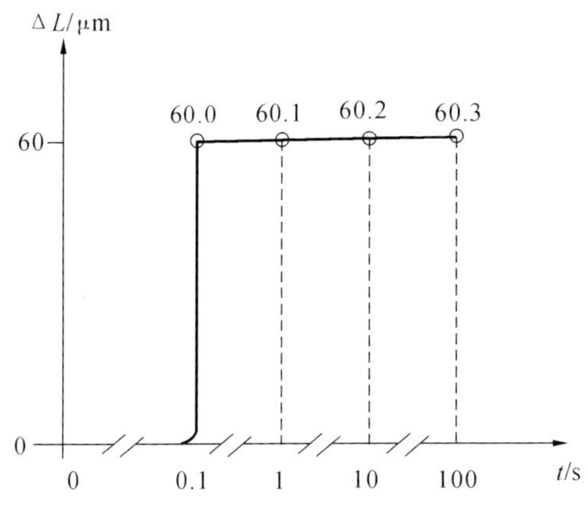

图 2-12 压电陶瓷的蠕变特性

3. 温度特性

压电陶瓷随着温度的变化，其线膨胀系数也会有微小的变化。但其线膨胀系数比一般金属材料的要小。图 2-13 给出了低压陶瓷（LVPZT）和高压陶瓷（HVPZT）的线膨胀系数的温度变化特性。

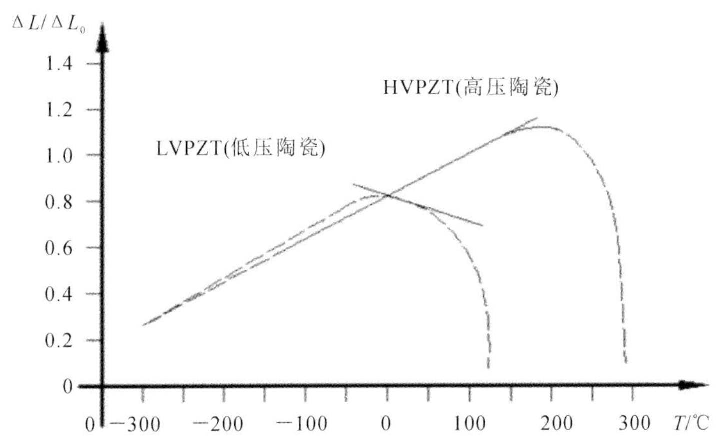

图 2-13 压电陶瓷的线膨胀系数的温度变化特性

4. 非线性

理论上压电陶瓷致动器的位移应当和所施加的电压成线性关系，但在实际运用中，它们并非成线性关系。显然，这种非线性特性是由迟滞特性、蠕变特性、温度特性等多方面的因素决定的。

5. 力位特性和使用方法

压电陶瓷具有很大刚度，但是其在外力的作用下也会产生变形，因此也属于弹性元件。压电陶瓷在受到恒值外力和弹簧外力作用下的输出位移特性是有区别的。压电陶瓷的出力是指在压电陶瓷与一个没有任何弹性的机械结构连接时，给压电陶瓷加最大电压，压电陶瓷在无法产生任何位移的情况下所产生的力。

假设把压电陶瓷固连在刚度较大的两物体之间，给压电陶瓷施加其所能承受的最大电压(后简称最大电压)，因两物体的刚度很大，故压电陶瓷无法伸长，位移为零，这时其出力为最大出力。但事实上，任何物体都会表现出一定的弹性。当外部机械结构的刚度为零时，给压电陶瓷加最大电压，压电陶瓷产生最大的位移，这时出力为零。只要外部连接机构存在刚度，则压电陶瓷的位移就一定会有损失。位移损失的大小取决于外部机械结构的刚度，外部机械结构刚度越大，损失的位移也就越大，当外部机械结构的刚度与压电陶瓷的刚度相同时，其位移与出力分别为最大位移与最大出力的一半，压电陶瓷的效能得到最大利用。

由于压电陶瓷致动器属于大出力、小位移的电子元器件，因此其在使用时必须注意如下几点。

(1)采用压电陶瓷制作的驱动执行器和需推动物体良好接触、刚性连接，否则执行器位移将部分损失在软性连接上面。

(2)采用压电陶瓷制作的执行器一般不允许空载使用，使用时都需要加一定的预紧力。

(3)采用压电陶瓷制作的执行器和需推动物体连接保证是面接触，切勿使用点接触或者是线接触。执行器使用时必须使执行器出力方向和执行器的轴保持一致。因为执行器属于陶瓷材料，所以脆性较大。

2.4.2 压电陶瓷微纳运动机构

采用压电陶瓷驱动器的微纳运动精密工作台，通过柔性铰链传动实现微纳尺度级精密定位。在超精密加工中，与高转速和高切削速度相结合，要求微纳运动精密工作台每次很快地完成微纳量级进给。作为理想的精密微动工作台，压电陶瓷微纳运动机构应具备如下性能：

(1)具有高的位移分辨率，以保证高的定位精度和重复定位精度，同时还应满足工作行程要求；

(2)具有较高精度的同时，还应具有较高的精度稳定性；

(3)具有较高的固有频率，以确保微纳运动精密工作台有良好的动态特性和抗干扰能力，即最好采用直接驱动的方式，无传动环节；

(4)微动系统要便于控制，而且响应速度快。

由压电陶瓷驱动器构成的微纳运动工作台主要有如下几种类型。

1. 压电陶瓷柔性铰链式微纳运动工作台

压电陶瓷柔性铰链式微纳运动工作台的工作原理为：利用压电陶瓷的压电效应，给压电陶瓷施加一定的电压，压电陶瓷驱动柔性铰链，微纳运动工作台在柔性铰链的驱动下输出一定的位移。

柔性铰链是 20 世纪 60 年代前后由于宇航和航空等技术发展的需要而发展起来的。它是一种切口结构，利用薄弱部分的弹性变形，可以实现有限角位移的绕轴转动。柔性铰链的特点是：无机械摩擦、无间隙、运动灵敏度高。柔性铰链有很多种结构，按照几何剖面的形状不同，可将柔性铰链分为直角型、椭圆型、圆角型、直圆型。

利用柔性铰链实现的弹性移动副有多种形式，最常见的是柔性平行四杆机构。在实际应用中，通过线切割或其他精密加工方法在一块基体材料上加工出圆弧和缝隙，使圆弧切口处形成弹性支点(即柔性铰链)，并与基体加工后剩余部分成为一体，从而组成柔性平行四杆机构。柔性平行四杆机构具有导向精度高、无间隙、导轨定位分辨率高、加工精度易于保证、不需装配等优点。基于压电陶瓷的微纳运动工作台如图 2-14 所示。

图 2-14　基于压电陶瓷的微纳运动工作台

2. 压电陶瓷驱动尺蠖式微纳运动机构

陶瓷微位移器的材料归纳起来有 4 类:压电陶瓷材料、电致伸缩陶瓷材料、相变诱发应变陶瓷材料和单晶压电材料。陶瓷微位移器具有高频响应、输出力大、尺寸小、热膨胀系数小、精度高等优点,广泛应用于微米级和纳米级精度的精密驱动和定位领域中。但由于陶瓷材料的行程较小,因此需要将陶瓷微位移器与其他精巧结构相配合使用,用以实现大行程运动,这是目前国际上的主要研究方向。图 2-15 所示为韩国学者研制成功的基于压电陶瓷的线性尺蠖马达,可以实现 100 mm行程范围内的纳米级进给运动,但由于尺蠖的运动间断性,该基于压电陶瓷的线性尺蠖马达无法实现连续运动。为了解决这个问题,日本学者 EiJi Shamoto 采用三组压电陶瓷交替变形的原理,研制了具有 350 N/μm 的轴向刚度、可实现 105 mm 行程范围内 5 nm 精度的连续平稳运动的行走式步进超精密马达,如图 2-16 所示。目前,基于压电陶瓷的微纳运动机构在纳米精度定位领域的研究受到极大的关注,基于各种先进的动力学和控制理论的压电马达不断涌现。然而,由于受到压电驱动器与支撑面之间的接触摩擦力的限制,几乎所有的压电马达的输出力都很小,因此压电马达只能应用在较轻载荷的场合。

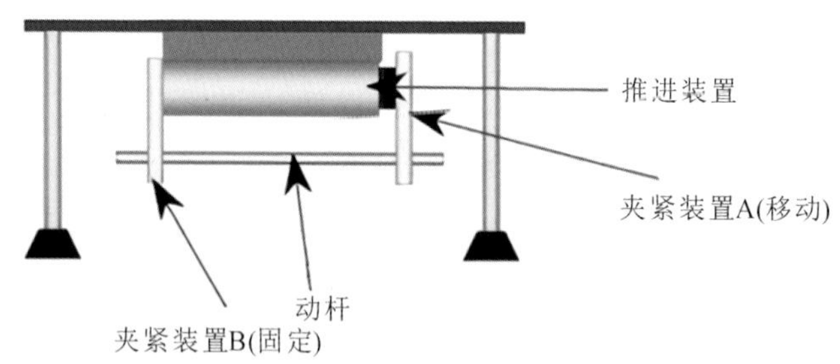

图 2-15　其于压电陶瓷的线性尺蠖马达

3. 压电陶瓷驱动弹性冲击式微纳运动机构

如图 2-17 所示,弹性冲击式微纳运动机构主要由两部分组成,一部分是被驱动的滑动体 M,另一部分是由压电陶瓷及安装在压电陶瓷上的弹簧所组成的驱动部件。压电陶瓷通过黏结的方法分别被安装在冲击体(击锤)m_2 和惯性体 m_1 之间,压缩弹簧一端黏结在固定端,另一端和惯性体相连。其工作原理如图 2-18 所示。

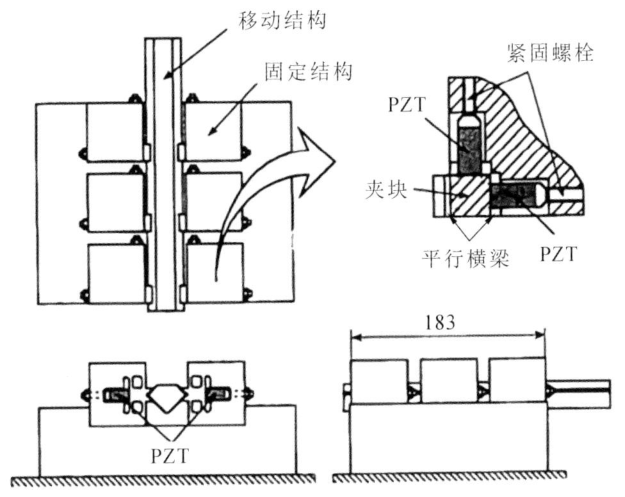

图 2-16　行走式步进超精密马达结构示意图

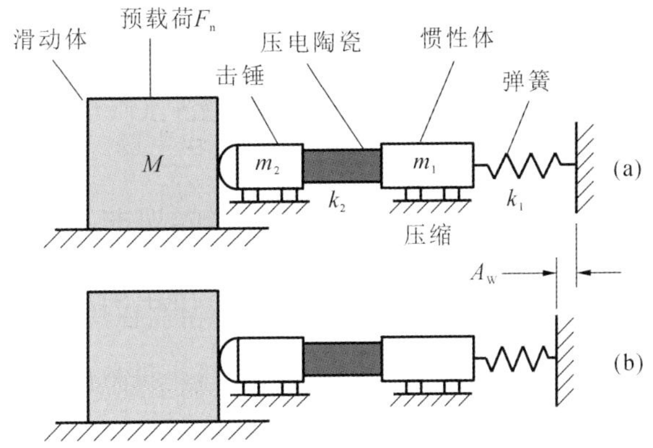

图 2-17　弹性冲击式微纳运动机构

运动开始时，弹簧长度被压缩一个固定值 A_W，压电陶瓷 PZT 保持自然状态；给压电陶瓷 PZT 施加脉冲电压，压电晶体出力增大，当冲击体与滑动体间的接触力大于最大静摩擦力时，压电晶体伸长，使滑动体产生微小位移 x_1；然后使压电陶瓷 PZT 缩短，当压电陶瓷 PZT 缩短到初始长度时，冲击体与滑动体间存在一个微小缝隙，此时弹簧产生冲击力，推动滑动体产生位移 x_2。压电陶瓷 PZT 依次伸长、缩短，在弹簧最初被压缩的范围 A_W 内，系统可以获得连续运动，从而实现毫米级行程范围内的微纳运动。

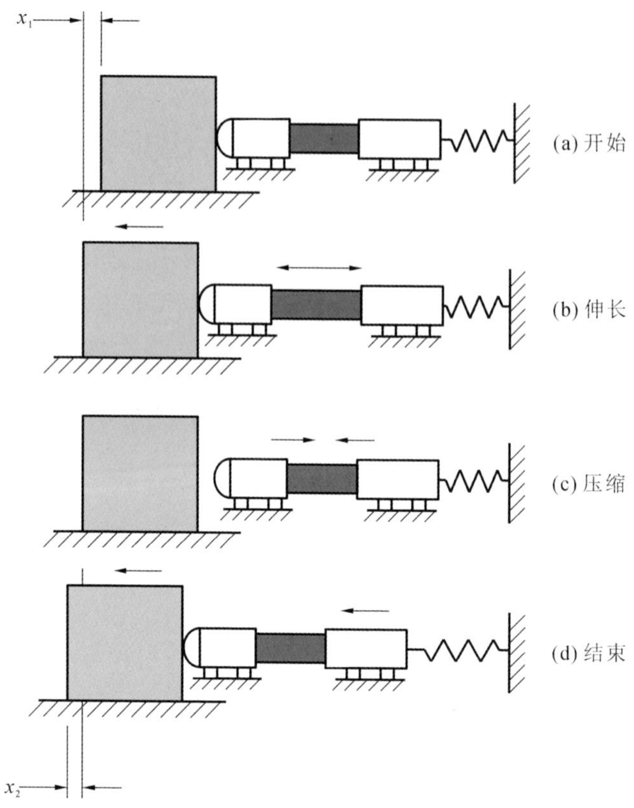

图 2-18　弹性冲击式微纳运动机构工作原理示意图

此类机构具有结构简单、易于控制等优点，但由于运动过程存在振荡，因此其不适合用于较高动态响应的场合。

4. 压电陶瓷驱动惯性摩擦式微纳运动机构

基于惯性摩擦原理的压电陶瓷驱动微纳运动机构的工作原理如图 2-19 所示。

第 1 阶段，系统处于初始状态，压电陶瓷 PZT 保持自然长度；第 2 阶段，压电陶瓷 PZT 快速伸长，此时由于惯性力大于最大静摩擦力，滑块保持静止，不随压电陶瓷的伸长而滑移；第 3 阶段，压电陶瓷 PZT 缓慢收缩，此时惯性力小于最大静摩擦力，从而使滑块随压电陶瓷 PZT 收缩而向左运动一个微小位移 x。重复上述控制过程，该进给系统可以产生较大行程的直线运动。

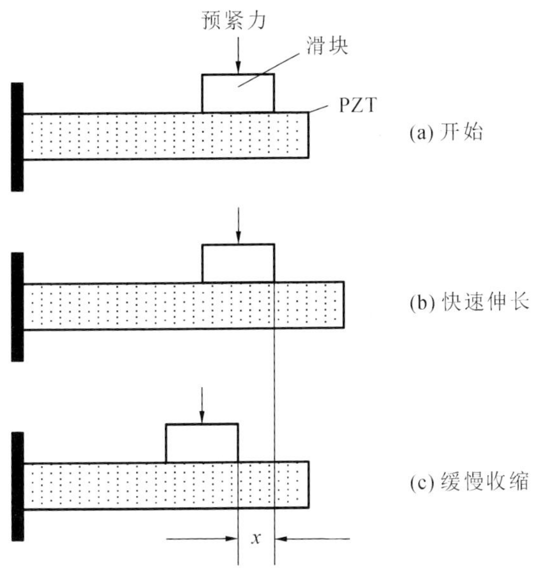

图 2-19　基于惯性摩擦原理的压电陶瓷驱动微纳运动机构工作原理示意图

应用此原理，中国科学院光电技术研究所研制成功的 LSPM 型直线步进马达（见图 2-20），行程可以达到 15 mm，平均位移分辨率为 15 nm，可产生 60 N 的驱动力。美国的 New Focus 公司研制的螺旋型压电驱动控制器也是应用此原理，可以在较大的行程上产生 20 nm 位移分辨率的进给运动。此类微纳运动机构具有结构简单、可自锁、负载输出能力大、易于控制等优点，但其由于运动的间断性，不易实现连续平稳的运动。

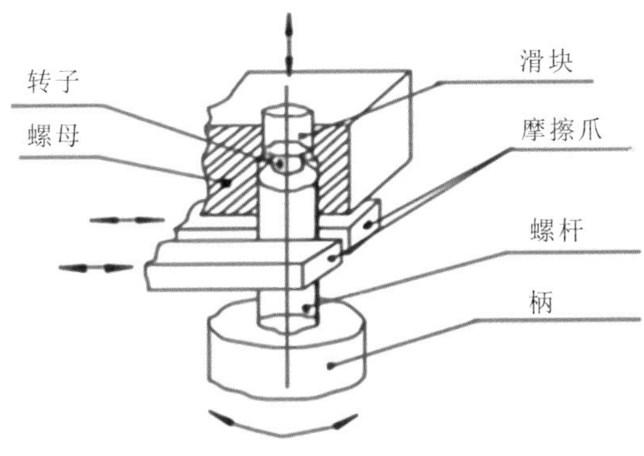

图 2-20　LSPM 型直线步进马达工作原理示意图

5. 压电陶瓷驱动杠杆式微纳运动机构

压电陶瓷驱动杠杆式微纳运动机构是近年来发展起来的一种新型的微位移机构。如图 2-21 所示，它采用具有较高精度的压电陶瓷作为驱动源，通过杠杆机构放大输出位移，从而得到较大的工作行程。

该机构具有结构简单、易于控制、频响较高等优点，已经在航空、宇航、微电子工业、精密测量和微调，以及生物工程领域获得一定的应用。但该机构受杠杆刚度影响较大，并且铰链处存在摩擦、磨损等问题，这在一定程度上制约了这类进给机构的发展。

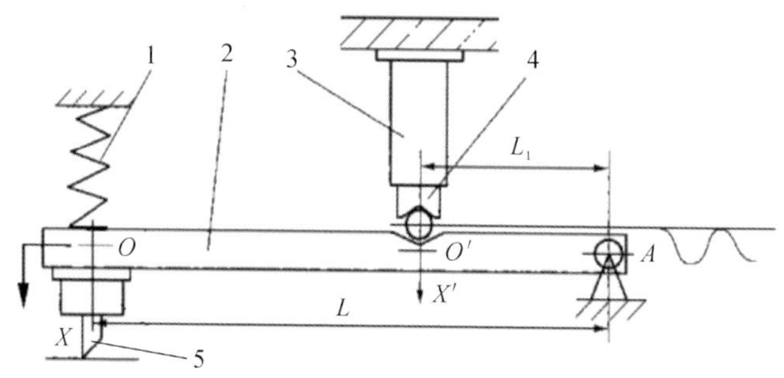

图 2-21　压电陶瓷驱动杠杆式微纳运动机构结构简图

1—复位弹簧；2—杠杆；3—PZT；4—球支点；5—刀具

2.5　热微纳机电驱动技术

2.5.1　热微纳驱动基本原理

利用材料的热膨胀、热收缩或者相变特性，通过其温度分布的变化实现微量机械位移或者力的输出。而微结构通过吸收电磁波、欧姆热、热传导和热对流的热量，温度可以升高；通过热传导、热对流、热辐射等散热及有源热电制冷，微结构的温度可以降低。微尺度下原子的振动证明了温度的存在。当材料中存在温度梯度时就会产生热传递。热量从一点传递到另一点有四种可能的机制:①传导;②自然对流;③强迫对流;④辐射。对热传递过程的理解和掌握在热微纳驱动(致动)执行器的设计中起着至关重要的作用。

2.5.2 热微纳驱动系统类型

采用热微纳驱动方式的系统可获得较大的驱动力,几何尺寸比例小,而且它还有驱动电压低、变形大、结构简单、易于集成制造等特点。另外,热微纳驱动中,热膨胀是材料的普遍行为。温度上升后,由半导体、金属、绝缘体材料构成的结构的尺寸和体积都会变大。在 MEMS 领域内,一般有以下三种主要的热微纳驱动结构类型:①热双金属片结构;②弯曲梁结构;③热空气结构。

1. 热双金属片结构

热双金属片结构不仅具有线性的位移-能量关系,而且具有驱动电压低、驱动力大、行程大、结构及制造工艺简单、驱动能源易获得、易于集成等特点,因此其应用前景广阔。

对于传感和执行而言,利用热双金属片效应是很常用的方法。它是把两片热膨胀系数不同的金属结合成三明治结构,加热器夹在两层键合材料中间。如图 2-22 所示,受热时,由于一片金属的热膨胀量大于另一片,双金属片将向热膨胀量小的一方弯曲。这种效应可将微结构的温度变化转变为机械梁的横向位移。许多常用的机电恒温器都运用了这一原理。恒温器是一个螺旋的双层金属线圈。卷丝梁的末端与继电器连接在一起,继电器是含水银的密封玻璃管。当环境温度变化时,线圈的末端倾斜并触发水银继电器动作,从而控制加热/冷却电路中的电流。

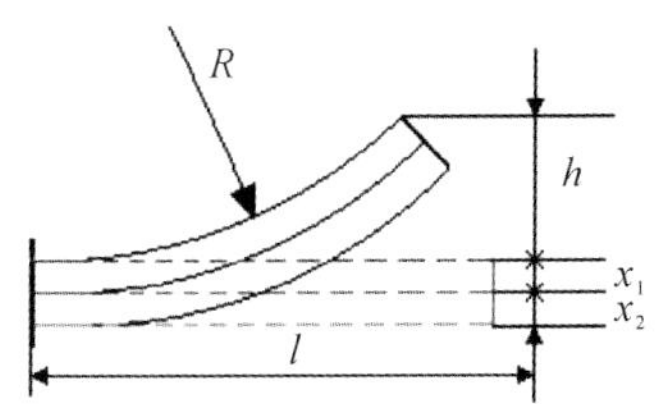

图 2-22　双金属热致动器的结构简图

双金属热致动器的材料不一定非得是金属,也可以是两种热膨胀系数不同的晶体,这时可称为双晶片热激励。

注意，双金属片的上升高度受悬臂梁的长度、两种材料的热膨胀系数之差、结构厚度、温度变化量 ΔT 的影响比较大，而与弹性模量、悬臂梁的宽度关系不大。为了使结构达到最大上升高度，在进行结构设计时，除了要使温度变化量 ΔT 达到最大外，还应该增大结构材料的热膨胀系数之差和悬臂梁的长度，减小悬臂梁的厚度，同时尽可能使两种结构材料的厚度相等。

2. 弯曲梁结构

用弯曲梁电热驱动执行器可产生面内位移，这是一种基于单一材料的热执行器。弯曲梁结构是用不同尺寸、同一种材料的梁组成的双梁结构，在电极上加以适当的电压，形成冷臂、热臂和弯曲段。由于热臂的面积比冷臂小得多，因此其电阻大，进而发热量比冷臂大得多，有较大的热膨胀量，故整个结构将向冷臂方向弯曲。停止加热，由于热量散失，梁将回到初始位置。在单一材料组成的热执行器中，横向驱动热执行器应用广泛，它基于微结构(由同一种导电材料制成的两臂组成)的不对称热膨胀工作，即电流通过时，两臂由于横截面积或长度不同而具有不同的热功率和热膨胀，从而导致不同的纵向膨胀。

3. 热空气结构

热空气结构的基本工作原理为当电阻发热时，腔内空气温度升高，压力增大，推动膜向外膨胀产生位移；当停止加热，膜又回到原来的位置。这种结构的典型应用就是微结构气体传感器。微结构气体传感器是集成气体传感器阵列的最小单元，它直接影响阵列产品的质量。微结构气体传感器是采用微电子、微机械加工和薄膜等技术制成的新一代气敏元件。它具有灵敏度高、选择性好、响应时间短、稳定性强、功耗低等优点，而且能够进行精确的温度控制；另外，其凭借体积小、自动化程度高和批量生产成本低等优势，容易实现传感器的阵列同信号采集和处理电路集成，易智能化。

微结构气体传感器的核心是 Si 外框架支撑的膜片上由加热器、温度传感器和气敏薄膜形成的有源区(active area)，这层膜片使加热的有源区和外框架之间实现热隔离，Si 外框架和电极引线的温度保持在室温。

气体传感器是集物理性能、化学性能、电性能于一体的微电子器件，考虑到气体传感器和大部分化学传感器一样，对电势和电压的测定、选择性、灵敏度、响应时间及传感器的恢复都依赖于温度，因此在微结构气体传感器的结构设计中，加热和测温单元的加入必不可少。目前，已有很多材料可用来作微结构气体传感器的加热电阻，如 NiFe 合金、SiC 膜、扩散电阻、多晶 Si 膜、金属 Pt 等。

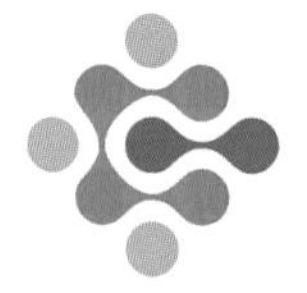

第 3 章 微纳运动的传感检测

3.1 概述

微纳米级定位与运动控制的需求推动了检测技术及检测装备的发展,而后者反过来又会促进微纳技术的进步。随着科学技术的发展,越来越精确的微纳定位技术也不断出现,但由于成本、环境等一些因素的影响,一般常用的位移检测精度都达不到微纳米级精度。本章主要介绍在微纳运动系统中常用的几种微纳定位检测技术,包括高精度光栅尺测量技术、电容位移传感器测量技术、倍频细分技术、激光干涉检测技术等,以及相应的设备。

3.2 微纳位移传感技术

3.2.1 微纳位移传感器

1. 高精度光栅尺

目前,高档数控机床上伺服运动控制系统中,光栅测量装置(见图 3-1)应用较为普遍,它的测量精度可稳定在 1 μm,而细分软硬件信号处理技术可使其测量分辨率达到纳米级。

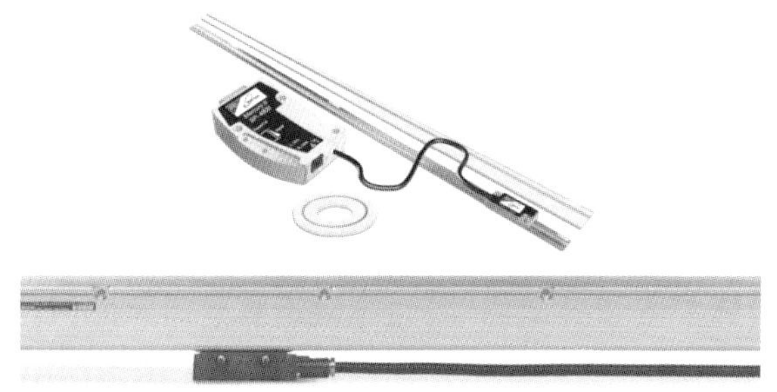

图 3-1　光栅测量装置外形

1)光栅的结构和工作原理

光栅装置的结构由标尺光栅和光栅读数头两部分组成。光栅读数头由光源、透镜、指示光栅、光电元件和驱动线路组成。图 3-2 所示为垂直入射光栅读数头结构示意图。

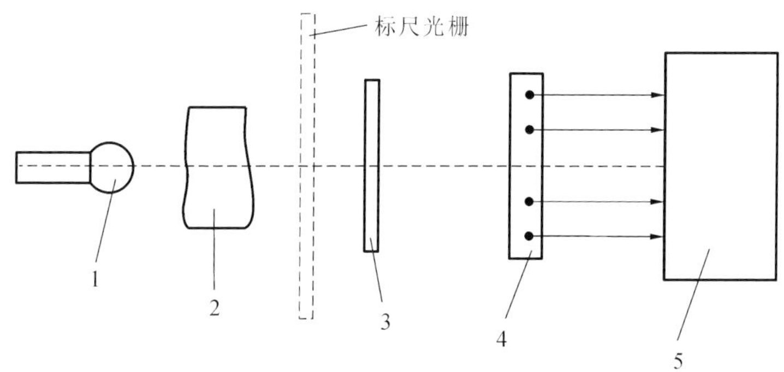

图 3-2　垂直入射光栅读数头结构示意图

1—光源;2—透镜;3—指示光栅;4—光电元件;5—驱动线路

通常标尺光栅固定在机床的活动部件上,光栅读数头装在机床的固定部件上,指示光栅装在光栅读数头中。在图 3-2 中,标尺光栅不属于光栅读数头,但它要穿过光栅读数头,且保证与指示光栅有准确的位置对应关系。标尺光栅和指示光栅统称为光栅尺,它们是用真空镀膜的方法刻上均匀密集线纹的透明玻璃片或长条形金属镜面。光栅尺上相邻两条光栅线纹间的距离称为栅距或节距 P,每毫米长度上的线纹数称为线密度 k,栅距与线密度在数值上互为倒数。常见的直线光栅线密度为 50 线/mm、100 线/mm、200 线/mm。

安装时，要严格保证标尺光栅和指示光栅的平行度及两者之间的间隙(0.05～0.1 mm)，并且其线纹相互偏斜一个很小的角度。两光栅线纹相交，当光线通过时由于光的衍射作用，在相交处出现黑、白相间的色纹，称为莫尔条纹，如图 3-3 所示。莫尔条纹的方向与光栅线纹的方向大致垂直。

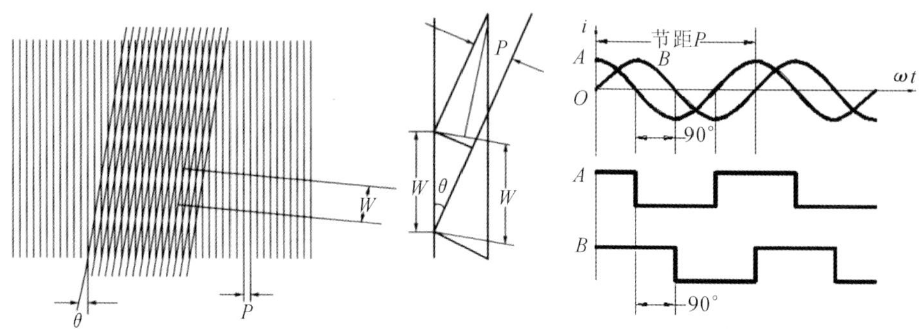

图 3-3　光栅莫尔条纹

指示光栅与标尺光栅之间相对移动了一个栅距时，莫尔条纹也移动一个莫尔条纹节距，且其移动方向几乎与光栅移动方向垂直。设莫尔条纹的节距为 W，则从图 3-3 所示的几何关系可得

$$W = \frac{P}{\sin\theta} \tag{3-1}$$

式中：θ——光栅线纹间的夹角，rad。

由于 θ 很小，$\sin\theta \approx \theta$，因而可得

$$W \approx P/\theta \tag{3-2}$$

可见，莫尔条纹具有放大作用。若 $P=0.001$ mm、$\theta=0.001$ rad，则 $W \approx 1$ mm。莫尔条纹的节距相对于光栅栅距放大了 1000 倍。这样，利用光的干涉现象，不需要复杂的光学系统，就可以大大提高光栅测量装置的分辨率。虽然光栅栅距很小，但莫尔条纹却清晰可见，便于测量。

光电元件所接收的光线受莫尔条纹影响呈正弦规律变化，因此在光电元件上产生接近正弦规律变化的电流。

2)光栅的种类

光栅的种类很多,按照刻线材质分一般有玻璃透射光栅和金属反射光栅。玻璃透射光栅是在光学玻璃的表面涂上一层感光材料或金属镀膜,再在涂层上刻出光栅条纹,用刻蜡、腐蚀、涂黑等办法制成光栅条纹。金属反射光栅是在钢尺或不锈钢带的表面上,光整加工成反射光很强的镜面,用照相腐蚀工艺制作光栅条纹。金属反射光栅的特点是:其线膨胀系数可以做到和机床的线膨胀系数一样,易于安装,易于削成较长光栅,但其刻线密度小,分辨率低。

根据光栅的工作原理,玻璃透射光栅可分为莫尔条纹式光栅和透射直线式光栅两类。莫尔条纹式光栅的应用很普遍,莫尔条纹具有放大光栅栅距和栅距之间的相邻误差均化的特点;透射直线式光栅由光源、长光栅(即标尺光栅)、短光栅(即指示光栅)、光电元件组成。当两块光栅之间有相对移动时,由光电元件把两光栅相对移动产生的明暗变化转换为电流变化。光电元件接收的光通量忽强忽弱,产生近似于正弦波的电流,再由电子线路转变为以数字显示的位移量。玻璃透射光栅的特点是信号增幅大,装置结构简单,但光栅密度小。

光栅也可以制成圆盘形的圆光栅,用来测量角位移。这样,按照检测的位移不同,光栅可分为直线位移光栅和角位移光栅(或圆光栅)。光栅位移传感器输出信号有数字脉冲式和模拟式。不论是模拟信号还是数字信号,又有差分式(A、$\overline{A}$、B、$\overline{B}$、Z、$\overline{Z}$)和非差分式(A、B、Z)输出。选用差分输出方式,其抗干扰能力更强,传输距离也较远。光栅的输出信号有辨向信号和基准(零位)信号之分。如图3-3所示,辨向信号A、B相位相差90°,用来测量位移和辨向。

另外,光栅还有绝对式、增量式、混合式之分。图3-4给出了一种混合式光电编码器结构,根据需要,既能以增量方式使用也能以绝对方式使用之。

图3-4中,码盘外侧沿圆周径向具有等角度均匀刻线,用于增量方式;而码盘内侧圆周不同半径区域由内向外按照不同的码制编有明暗条码,用于绝对式测量。对于增量式光栅编码器(尺),在其用于相对测量时,一旦在测量过程中出现计数错误,后续的测量中就会产生计数误差;而绝对式光栅编码器(尺)克服了增量式的缺点,是一种直接编码和直接测量的检测装置,指示的是绝对位

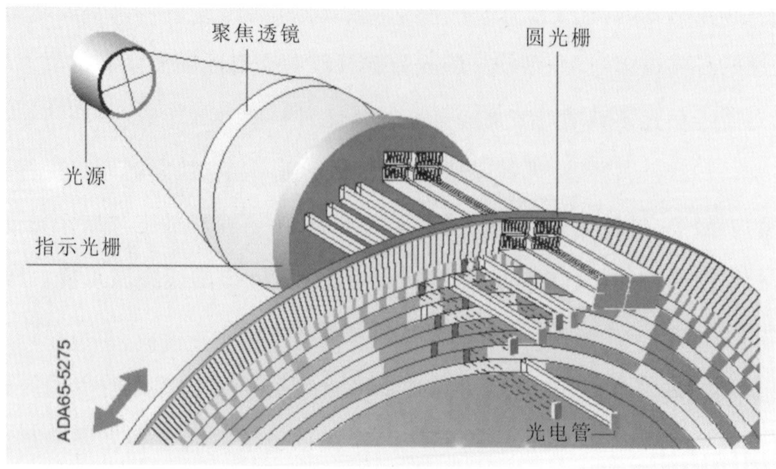

图 3-4　混合式光电编码器结构

置，没有累积误差。实际使用时，对于增量式光栅编码器，关机后每次再开机，均要通过回零建立基准参考点后才能工作，信号输出一般为并行格式，有模拟式和数字式之分，图 3-5(a)给出的是增量式光栅编码器模拟式输出信号；而对于绝对式光栅编码器，因其内部具有掉电保护电路，故不需要操作者进行回零操作，系统零点由设备厂商在出厂前设定好而一直保存下来，信号一般是串行输出格式，如图 3-5(b)所示。

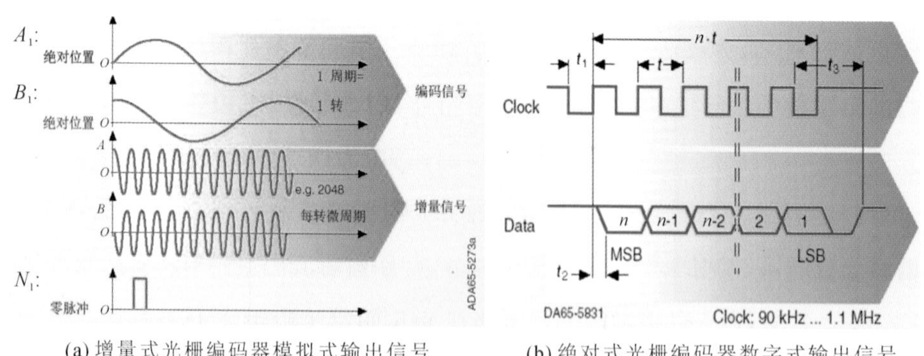

(a) 增量式光栅编码器模拟式输出信号　　(b) 绝对式光栅编码器数字式输出信号

图 3-5　光栅信号的输出格式

3)光栅测量信号处理系统组成

光栅测量信号处理系统主要由光电元件(硅光电池)、差分放大电路、整形电路、细分电路、方向鉴别电路及可逆计数器等组成。图 3-6 给出了一种典型的四细分光栅测量信号处理系统简图及各环节信号表现形式。

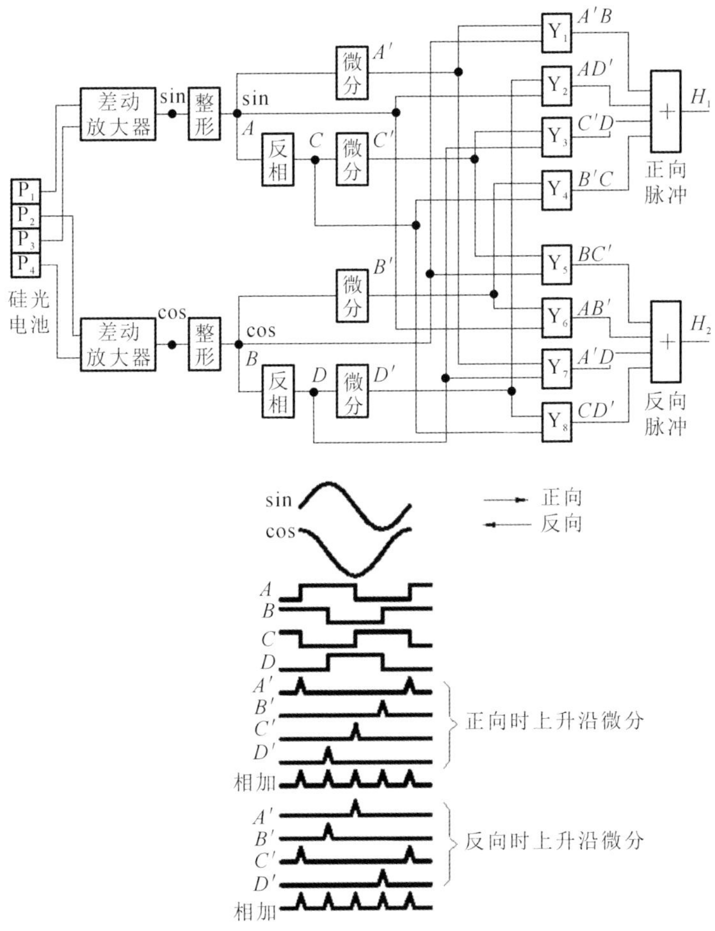

图 3-6　光栅测量信号四细分电路系统

图 3-6 中，P_1、P_2、P_3、P_4 四块硅光电池接收莫尔条纹信号，每相邻两块之间的距离为 $W/4$，四块电池的距离之和就是莫尔条纹间距 W。当莫尔条纹移动时，由于在莫尔条纹间距 W 内通过的光线强度呈正弦波变化，因此每块硅光电池产生的电流（电压）也是正弦波，并且相邻两块电池产生的正弦波电信号相位相差 90°。把 P_1、P_3 的输出接到差动放大器的两个输入端，把 P_2、P_4 的输出接到另一差动放大器的输入端，可获得两组相位相差 90°的正、余弦放大信号。然

后，经整形电路变换成方波信号，再经反相、微分及与或门电路处理后便可得到四倍频的正向脉冲 H_1 和反方向脉冲 H_2 信号，再由可逆计数器接收。用可逆计数器进行计数，就可测量光栅的实际位移。这里通过四倍频电气硬件电路处理，分辨率提高了 4 倍，从而实现了更高精度的测量。例如，若原机械分辨率是 1 μm，则现在可以达到 0.25 μm。

4）光栅尺的误差分析

影响光栅尺测量精度的因素有很多，概括起来误差有以下五种。

（1）光栅尺误差。

光栅尺误差包括栅距误差和材料的均匀性误差。栅距误差是与光栅制造过程中的工艺有关的误差；而材料的均匀性误差则是由于光栅上各部分透光率不均匀而产生的误差。

（2）栅距的细分误差。

栅距的细分误差包括电路细分误差和光栅细分误差。电路中的 A/D 转换电路的精度决定电路细分误差；莫尔信号的波形的形状决定了光栅细分误差，理想的莫尔信号波形是正弦状，当实际波形偏离了正弦形状就会带来细分误差。

（3）光栅副的相对位置偏差引起的误差。

在光栅尺测量过程中，通常是将光栅尺安装在被测物体上，被测物体在运动的过程中并不能按照理想的路线运动。当其运动时，运动面的不平整度或者装调误差等因素的影响，会使运动光栅在空间内各个方向产生偏差。这种相对位置偏差会影响信号质量进而使精度降低。

（4）量化误差。

量化误差是数字式测量装置固有的随机误差，为等概率分布，其极限误差为最小显示值的一半。

（5）温度误差。

光栅尺的制造温度一般为 20 ℃，但是在测量过程中并不是所有的测量温度都是 20 ℃恒温，事实上能够达到 20 ℃恒温的测量环境几乎没有，温度的变化会对光栅尺的精度产生影响，进而导致误差。在光栅尺测量系统中，温度的影响主要有以下几个方面：引起光栅尺变形；光栅尺热膨胀系数误差；测温误差；温度场不均匀误差；等等。随着技术的不断改进，光栅尺的精度在不断提高，但温度变化所引起的误差在测量结果的误差中所占的比重也越来越大。

5)光栅尺技术现状

自从海德汉发明光栅镀铬的光刻技术以来，光栅测量技术取得了飞速的发展，光栅测量也实现了从微米级到纳米级的跨越。现在市场上光栅尺的生产厂家很多，国外的公司主要有德国海德汉、西班牙发格、英国雷尼绍、日本三丰和美国的 MicroE Systems 等，国内公司有中国科学院长春光学精密机械与物理研究所（简称长春光机）、广州信和光栅数显有限公司（简称信和）、广东万濠精密仪器股份有限公司（简称万濠）、珠海市怡信测量科技有限公司（简称怡信）、贵阳新豪光电有限公司（简称贵阳新豪）、北京航天万新科技有限公司（简称航天万新）和桂林广陆数字测控有限公司（简称桂林广陆）等。其中，以海德汉、雷尼绍和 MicroE Systems 的光栅尺最为著名，其共同特点是高精度、高分辨率和高速度。下面从封闭式增量光栅尺、封闭式绝对光栅尺、敞开式增量光栅尺和敞开式绝对光栅尺四个方面来说明国内外主要产品的区别。

如表 3-1 所示，封闭式增量光栅尺的栅距在 4～40 μm 内，分辨率最小达到 0.1 μm，速度最高为 120 m/min。其中海德汉的产品主要有四类，即 LB、LC、LF 和 LS，它们共同的特点是具有可定义的温度特性和能承受高频振动。LB 系列最大测量长度为 30 m，LF 系列适用于高重复性测量的场合，LS600 可用于手动操作机床。发格公司的产品主要用于数控机床和普通机床，它有三种回零方式：一是增量回零方式；二是距离编码回零方式；三是可选择参考点回零方式。日本三丰公司的主要产品主要用于位置测量、系统的位置反馈、机床数显、数控、半导体工业的测试，最重要的用户就是三丰公司自己。中国信和公司的光栅尺也做到了微米测量，它的测量范围比较有限，不能实现大量程高速测量，但由于其价格比较便宜，现在也在国内一般机床和精度要求不高的场合得到了广泛的应用。

表 3-1　国内外封闭式增量光栅尺性能参数

公　　司	栅距/μm	分辨率/μm	精度/μm	输出信号	工作温度/℃	量程/mm	速度/(m/min)
德国海德汉	4/20/40	0.1/0.5	±3/5	正弦/Vpp	0～50	70～7000	60/120
西班牙发格	20/40	0.1/0.5/1	±3/5	差动/TTL	0～50	70～6040	120
日本三丰	20	0.1/0.5/5	(3+31)/1000	正弦/TTL	0～45	100～6000	50
中国信和	20	0.5/1/5	±3/5/10	正弦/Vpp	0～50	70～1040	60

生产封闭式绝对光栅尺的厂家主要有德国海德汉和日本三丰。海德汉的封闭式光栅尺以 LC115 系列为代表，它应用双密封条，具有很强的抗干扰能力，单场扫描，输出信号质量高，输出信号采用 EnDat 2.2 绝对式数字接口，分辨率可达到 1 nm，测量的最高速度为3 m/s，适用于非高速的位置测量。三丰公司的 AT 36 系列最小分辨率为 10 nm，测量的最大速度是 1.2 m/s，输出为 TTL 电平，具有很好的抗干扰性能，主要用于数控机床。

敞开式光栅尺具有高分辨率、高速度等特点，主要应用于半导体工业、高精密机械和高速高精度测量系统等。典型代表是德国海德汉公司、英国雷尼绍和美国 MicroE Systems 公司，表 3-2 所示是这三个公司敞开式增量光栅尺产品的各性能参数。国内由于技术不成熟，高精度高速高分辨率光栅尺还处于研究阶段。MicroE Systems 公司的光栅尺特点是用户可自己在 PC 机上利用 MicroE Systems 公司提供的软件设置分辨率和工作频率，方便了光栅尺在不同场合的应用；另一个特点是 MicroE Systems 公司光栅尺的读数头可读取不同类型的光栅，比如玻璃光栅和金属光栅、直线光栅和圆光栅。它采用了光学零位和左右限位，零位和限位都可以直接贴在光栅尺长度方向的任意位置，不占用任何空间。

表 3-2　敞开式增量光栅尺性能参数

公　　司	型　　号	栅距/μm	分辨率/nm	精度/μm	输出信号	量程/mm	工作温度/℃	速度/(m/s)
海德汉	LIP372	0.128	1	±0.5	TTL	70～270	0～40	3
	LIP281	0.512	10	±3	TTL	20～3040	0～50	3

续表

公　　司	型　　号	栅距/μm	分辨率/nm	精度/μm	输出信号	量程/mm	工作温度/℃	速度/(m/s)
MicroE Systems	M5000	20	1.2～5000	±5(钢)	TTL	100～1000	0～70	10
	M6000si	20	1.2～5000	±1(玻璃)	TTL	240～3040	0～70	10
雷尼绍	RELM	20	5～5000	±1	正弦/TTL	980	0～30	12.5
	RG2 系列	20	10～5000	±3	正弦/TTL	70	0～70	12.5

MicroE Systems 公司的产品 M6000si 系列光栅尺可在 10 m/s 的速度下实现 1.2 nm 高分辨率的测量。雷尼绍光栅测量系统应用于工业自动化领域，如半导体、电子、医疗、扫描、印刷、科研、空间测量、影像等领域，甚至在专用机床上也可应用，其中包括精密测量和运动系统。通常说来，精密运动控制需要使用精密反馈光栅。

生产敞开式绝对光栅尺最为著名的公司是海德汉和雷尼绍，它们的代表产品如表 3-3 所示。雷尼绍生产的敞开式绝对光栅尺的主要特点是：各种分辨率均可保证 100 m/s 的最大测量速度、±40 nm 的电子细分误差，可实现稳定的速度控制，抖动低于 10 nm，提高了位置控制稳定性。

表 3-3　敞开式绝对光栅尺性能参数

产品型号	分辨率/nm	精度/μm	输出信号	量　　程	工作温度/℃	速度/(m/s)
LIC4015	1	±3	EnDat2.2	最大 24 m	0～70	3
LIC4019	1	±15	EnDat2.2	70～1020 mm	0～70	3
RELA	1/5/50	±1	串行通信	1130 mm	0～80	12.5
RSLA	1/5/50	±(1.5～4)	串行通信	5 m	0～80	12.5
RTLA	1/5/50	±5	串行通信	10 m	0～80	12.5

2. 电容位移传感器

电容测量技术近几年来有了很大的进展，它不但广泛应用于位移、振动、角度、加速度等机械量的精密测量，而且，其应用也会逐步扩大至压力、差压、液压、成分含量等领域的测量。电容传感器具有结构简单、体积小、分辨率高、可非接触测量等一系列突出的优点，随着电子技术的发展，这些优点得到了进一步的体现，而且电容传感器本身的分布电容和非线性等缺点也得到了一定的改善。因此，电容传感器在非电学量和自动检测中的应用也越来越广泛。

1)电容位移传感器测量原理及种类

电容位移传感器的原理就是把被测物理量的变化转换成电容的变化以进行测量，然后对测量信号进行放大等处理。电容位移传感器实质上是一个具有可变参数的电容器，电容器由两个平行的金属板组成。两个极板组成的电容器电容为

$$C=\frac{\varepsilon A}{d} \tag{3-3}$$

式中：ε——电容两极板间的介质的介电常数，对于真空，$\varepsilon=\varepsilon_0$，$\varepsilon_0 \approx 8.854187817\times10^{-12}$ F/m；

A——两极板所覆盖的面积；

d——两极板之间的极距；

C——电容器的电容量。

依据式(3-3)，若被测物理量使得式中的 ε、A 或 d 发生变化，则电容 C 也会随之变化。如果 ε、A 或 d 中的两个参数不变，仅改变剩下的一个参数，那么就可以把该参数的变化变成单一因素影响的电容量变化，再通过配套的测量电路将电容的变化转换为电信号输出，就可以得到所测量的物理量的变化值。

根据电容器参数变化的特性，电容位移传感器的类型可以分为极距变化型、面积变化型和介质变化型，如图 3-7 所示。其中(a)(e)为极距变化型，(b)(c)(d)为面积变化型，(i)～(l)为介质变化型，(f)～(h)为三种基本型的组合形式。

上述电容位移传感器类型中，极距变化型和面积变化型在实际应用中应用较广。测量较为精密的位移变化的电容位移传感器常以改变平行板的间距 d 来进行测量，因为这样获得的测量灵敏度高于改变其他参数的电容位移传感器的测量灵敏度。改变平行板间距的电容位移传感器测量位移时的精度可以达到微米、亚微米数量级，而改变面积的电容位移传感器一般适用于测量厘米数量级的位移变化。

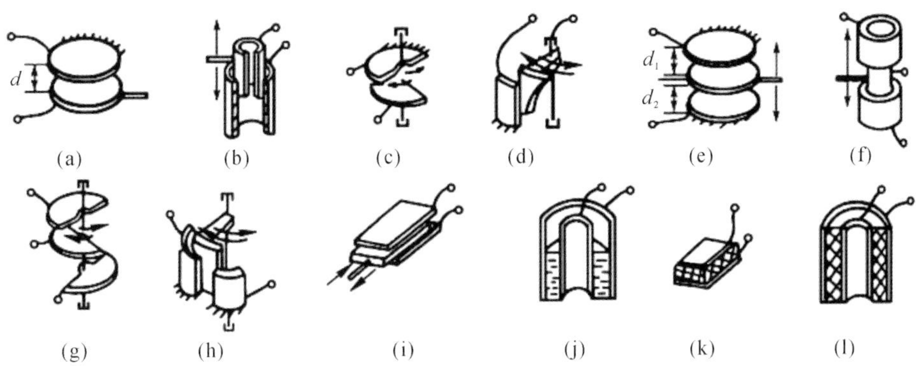

图 3-7　不同类型的电容位移传感器

由式(3-3)可知，若两极板相互覆盖面积及介质不变，电容量 C 与极距 d 之间的关系是非线性的，如图 3-8 所示。

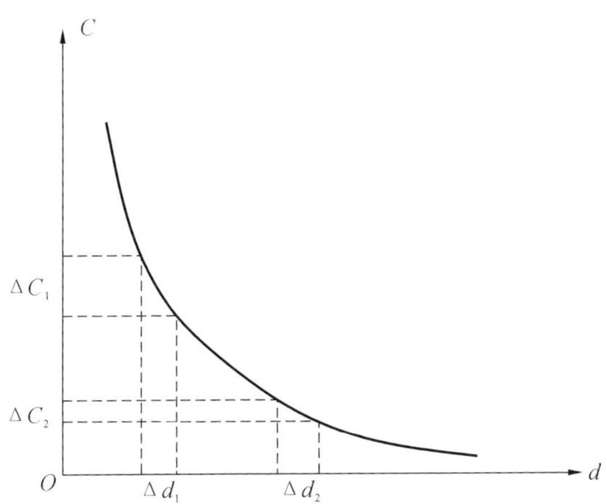

图 3-8　电容量与极距的关系

当电容板的极距由最初的 d_0 缩小 Δd，则极距的初始值和最终值分别为 d_0 和 $d_0-\Delta d$，其电容量分别为 C_0 和 C_1，可得

$$C_0=\frac{\varepsilon A}{d_0} \tag{3-4}$$

$$C_1=\frac{\varepsilon A}{d_0-\Delta d}=\frac{\varepsilon A}{d_0\left(1-\dfrac{\Delta d}{d_0}\right)}=\frac{\varepsilon A\left(1+\dfrac{\Delta d}{d_0}\right)}{d_0\left(1-\dfrac{\Delta d^2}{d_0^2}\right)} \tag{3-5}$$

当 $d_0 \gg \Delta d$ 时，$1-\frac{d^2}{{d_0}^2}\approx 1$，则式(3-5)可化简为

$$C_1=\frac{\varepsilon A\left(1+\frac{\Delta d}{d_0}\right)}{d_0}=C_0+C_0\frac{\Delta d}{d_0} \tag{3-6}$$

从式(3-6)中可以看出，C_1 与 Δd 近似成线性关系，所以通常情况下改变极距的电容位移传感器被设计成 Δd 在极小范围内变化。

对于极距变化型电容位移传感器，通常起始电容在 20～30 pF 内，极板距离在 25～200 μm 的范围内，被测最大的位移量应该小于极距的 1/10。

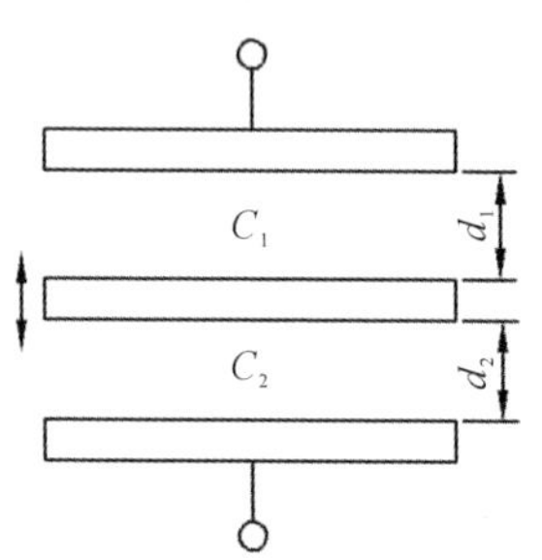

图 3-9　差动式电容位移传感器

在实际应用中，为了提高传感器的灵敏度和克服某些外界因素(例如电源电压、环境温度等)对测量的影响，常常把电容位移传感器制作成差动形式，如图 3-9 所示。当动极板移动后，C_1 和 C_2 呈差动变化，其中一个电容量增大，而另一个电容量减小，这样可以消除外界因素所引起的测量误差。

2)电容位移传感器的特点与选用

电容位移传感器的主要优点如下。

(1)输入能量小而灵敏度高。极距变化型电容位移传感器只需很小的能量就能改变电容极板的位置，如在一直径为 12.7 mm 圆形电容极板上施加 10 V 电压，极板间隙为 25.4 μm，只需 3×10^{-5} N 的力就能使极板产生位移。因此，电容位移传感器可以测量极小的位移。

(2)电参量相对变化大。电容位移传感器的电容的相对变化 $\Delta C/C\geq$ 100%，有的甚至可以达到 200%，这说明传感器的信噪比大，稳定性好。

(3)动态性能好。电容位移传感器活动零件少，而且质量很小，本身具有很高的自振频率，而电源的载波频率很高，因此电容位移传感器可用于动态参数的测量。

(4)能量损耗小。电容位移传感器的工作原理是改变极板间的间距或面积

来改变电容，而电容的变化并不产生热量损耗。

(5)结构简单，适应性好。电容位移传感器的主要组成就是两块极板及介质，结构相对简单，可以在振动、辐射等环境下工作，在有冷却措施的情况下还能在高温下工作。

(6)非接触测量。电容位移传感器往往用于非接触式动态测量场合，其中以电容位移传感器测头作为电容的一个极板，而被测物体表面则作为另一个极板。由于极板之间的电场力极其微弱，不会产生迟滞和变形等影响，因此可以消除接触式测量对被测对象带来的不利影响，提高测量精度。

电容位移传感器的主要缺点如下。

(1)非线性大，存在原理性误差。对于极距变化型电容位移传感器，机械位移和电容之间的关系是非线性的，利用测量电路把电容变化转换成电压变化时也是非线性的。因此，输入和输出之间的关系呈现出比较大的非线性。采用差动式结构可以适当地改善输入和输出之间的非线性，但不能完全消除。

(2)电缆分布电容影响大。传感器两极板之间的电容很小，仅几十皮法，小的甚至只有几皮法，但传感器与电子设备之间的连接电缆却具有很大的电容。这不仅使传感器的电容相对变化大大降低，也会使灵敏度随之降低，电缆的放置位置和形状变化还会引起电缆本身的电容的变化，进而使输出的结果不真实，给测量结果带来误差。为了消除这种误差，一方面可以利用集成电路，使放大测量电路小型化，将其放入传感器内部，这样传输导线输出的是电压信号，不受分布电容的影响；另一方面可以采用双屏蔽传输电缆，以适当降低分布电容的影响。

当被测物理量(如线位移、角位移、间隔、距离、厚度等)变化非常缓慢，变化范围又极小时，可以选用电容位移传感器。尤其是在测量运动的被测对象中，如主轴的回转误差测量等，必须选用非接触式测量方式，此时电容位移传感器是最佳的选择。高精度电容位移传感器的分辨率可达 0.01 μm，量程能达到 (100±5)μm。

3.2.2 倍频细分技术

微纳精度级位移的测量，对采用调制型输出信号的传感器而言，除了从机械角度提升分辨率外，另一个经济而重要的途径就是从电气角度入手，为提高仪器的分辨率和测量精度，可以使用倍频细分电路对这些周期性的信号进行处理。

根据周期性测量信号的波形、振幅或者相位的变化规律，在一个周期内进行插值，从而获得优于一个信号周期的更高的分辨率，这就是细分电路的基本原理。由于位移传感器一般允许在正、反两个方向移动，在进行计数和细分电路的设计时往往要综合考虑辨向的问题。细分电路按照工作原理可以分为直传式细分电路和平衡补偿式细分电路；按所处理的信号可分为调制信号细分电路和非调制信号细分电路。

目前主流的电子细分方法主要有以下几种：倍频细分辨向法、幅值分割细分法、锁相倍频细分法、电阻链移相细分法、载波调制细分法、计算机时钟细分法等。前面介绍了一种四倍频细分电路，这里将重点介绍基于计算机时钟的细分方法。

对于信号调整型微纳位移传感器信号处理，作者通过研究，于 1998 年结合锁相倍频硬件技术和计算机时钟差频细分软件技术，提出了几种差频细分测量方法来提高测量分辨率。随着现代 IC（integrated circuit，集成电路）技术的发展和计算机时钟频率的提高，计算机时钟细分法至今仍然不失为微纳位移检测信号处理的经济有效的方法。

1. 计算机时钟细分原理

计算机时钟脉冲细分技术是利用计算机时钟脉冲对被测信号进行细分的方法。如图 3-10 所示，为了获得位移量 X，将 X 分解成 X_1、X_2、X_3 三部分，其中 X_1、X_3 为非整数周期部分（称为小数部分），X_2 为整数脉冲部分，通过计算机控制可编程计数器，分别记录填入 X_1、X_3 小数部分的时钟脉冲数 M_1、M_3 和填入方波一个周期内的时钟脉冲数 M，以及 X_2 部分的整方波数 N。令传感器信号变化一个周期代表的机械位移量为 τ（对于光栅指的是刻线栅距，对于感应同步器指的是极距），则位移量 X 为

$$X = X_1 + X_2 + X_3 = \frac{M_1}{M}\tau + N\tau + \frac{M_3}{M}\tau \tag{3-7}$$

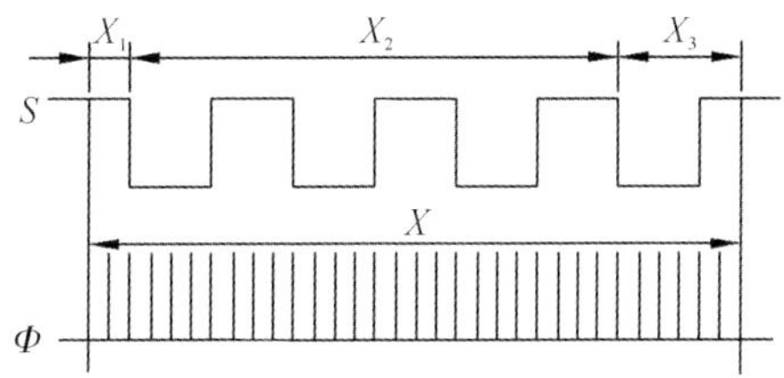

图 3-10　时钟细分原理示意图

因速度的不均性，其中测量信号各处的方波周期不一样，因此对 X_1、X_3 小数部分中的 M 作如下处理：采样起始点 X_1 中的 M，应向后插值取两个方波周期内填入的时钟脉冲数的平均值；中间采样点的 X_1、X_3 部分的 M，取其最近的下面一个完整周期内填入的时钟脉冲数；采样终点则应向前插值取两个整周期内填入的时钟脉冲数的平均值。

对于调制型传感器，令其信号载波频率为 f_e，计算机时钟脉冲频率为 f_c，采取直接细分技术，则其细分倍数 d 为

$$d = \frac{f_c}{f_e} \tag{3-8}$$

测量分辨率 P 为

$$P = \frac{\tau}{d} \tag{3-9}$$

2. 计算机时钟细分法

根据式(3-8)可知，进一步提高分辨率有两条途径：提高计算机时钟脉冲频率 f_c 或降低信号载波频率 f_e。利用现代电子学的信号处理技术，设法对调制型传感器输出信号进行有效后续处理，以达到提高测量分辨率的目的，但需注意计算机时钟脉冲频率的选择要受可编程计数器最高工作频率的限制。以感应同步器类调制型传感器为例，通过总结研究，给出了四种不同的细分方法。

1)FM 细分法

FM 细分法的原理是对感应同步器载有位移信息的输出信号 $e_i(t)$ 进行再调制，使之转载到较激磁信号频率低的另一载波信号上，然后再进行细分测量，便可获得较原来直接细分测量时更高的分辨率。这种细分原理的技术关键是通过混频(frequency mixing，FM)来实现的，因此简称为 FM 细分法(混频细分法)，其硬件实现原理框图如图 3-11 所示。

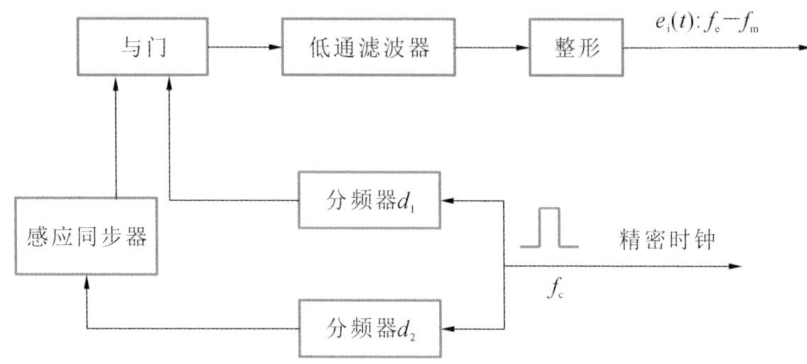

图 3-11　混频细分法硬件实现原理框图

由微机时钟产生相位差 90°，激磁频率为 f_e 的方波正、余弦激磁信号为

$$u_s(t)=\frac{1}{2}+\frac{2}{\pi}\left(\sin 2\pi f_e t+\frac{1}{3}\sin 6\pi f_e t+\frac{1}{5}\sin 10\pi f_e t\cdots\cdots\right) \quad (3\text{-}10)$$

$$u_c(t)=\frac{1}{2}+\frac{2}{\pi}\left(\cos 2\pi f_e t+\frac{1}{3}\cos 6\pi f_e t+\frac{1}{5}\cos 10\pi f_e t\cdots\cdots\right) \quad (3\text{-}11)$$

采用方波激磁的感应同步器感应信号为

$$e_i(t)=\theta_m(u_s\cos\theta_m+u_c\sin\theta_m)$$

$$=\frac{\sqrt{2}}{2}\sin\left(2\pi f_m t+\frac{\pi}{4}\right)+\frac{2}{\pi}\left[\sin 2\pi(f_e+f_m)t+\frac{1}{3}\sin 2\pi(3f_e+f_m)t+\cdots\cdots\right]$$

(3-12)

式中：θ_m——感应同步器定尺和滑尺间的感应耦合系数，为简化推导，令其值为 1。

该信号与频率为 f_r 的参考信号

$$e_r(t)=\frac{1}{2}+\frac{2}{\pi}(\cos 2\pi f_r t+\frac{1}{3}\cos 6\pi f_r t+\cdots\cdots) \quad (3\text{-}13)$$

相乘可得

$$e_i(t)e_r(t)=\frac{\sqrt{2}}{4}\sin\left(2\pi f_m t+\frac{\pi}{4}\right)+\frac{1}{\pi}\left[\sin2\pi(f_e+f_m)t+\frac{1}{3}\sin2\pi(3f_e+f_m)t+\cdots\right]+\frac{\sqrt{2}}{2\pi}\left\{\sin\left[2\pi(f_r+f_m)t+\frac{\pi}{4}\right]+\sin\left[2\pi(f_r-f_m)t-\frac{\pi}{4}\right]+\cdots\right\}+\cdots\cdots \tag{3-14}$$

因此，相乘后所得信号中最低载波频率为(f_e-f_r)，而其余成分的最低频率至少为(f_e-f_r)的 3 倍频。将相乘后的信号经低通滤波后可得

$$e_d(t)=\frac{\sqrt{2}}{4}\sin\left(2\pi f_m t+\frac{\pi}{4}\right)+\frac{2}{\pi^2}\sin\left[2\pi(f_e-f_r+f_m)t+\frac{\pi}{4}\right] \tag{3-15}$$

方波相乘可用数字器件“与门”实现，同时还可用“异或门”实现。经过上述处理，载波信号频率变为：$f_d=f_e-f_r$。

由图 3-11 和式(3-11)～(3-15)可得

$$f_d=f_e-f_r=\frac{d_2-d_1}{d_1 d_2}f_e \tag{3-16}$$

混频细分方法的特点有：

(1)选取适当的 d_1、d_2 可使激磁频率选取更为合理的值，并获得很高的细分精度和分辨率；

(2)适用于具有调制(相位调制或频率调制)信号传感器的数字细分，可应用于高精度传感器中；

(3)通过差频，可使比相频率(载波)f_d 很低，能获得很高的数字比相精度；

(4)该方法的细分倍数(分辨率)与时钟频率精度无关；

(5)由于混频后的比相频率(载波)为一确定值，无论被测系统的末端执行部件速度多低，都有一个稳定的频率信号供测试，因此该方法对被测系统的最低极限转速没有限制，克服了其他某些方法不能测极低转速和大传动比的大型滚齿机传动链误差的不足。

2)FM-FD-FM 细分法

对于 FM 细分法，为了获取有效的位移信息，还需经过进一步滤波、比相等

数据处理，从测出的相位中分离掉低频载波信号（$f_e \sim f_r$）和其他无用信号。根据信号处理硬件电路的构成，采用锁相环倍频技术，提出了基于全硬件的混频、倍频和再混频细分电路计数方法，该方法对信号处理的关键技术是混频、倍频和再混频（frequency mixing-frequency doubling-frequency mixing），简称为FM-FD-FM 细分法。由于采用的是现代集成器件的全硬件实现技术，FM-FD-FM 细分法可直接获取位移有效信息，大大提高了测量的实时性和测量精度。

FM-FD-FM 细分法硬件实现原理如图 3-12 所示，感应同步器输出信号频率为 $f_i = f_e + f_m$，f_e、f_m、f_{r1}、f_{r2} 分别为信号载波频率、位移信号频率和参考频率。为使精度尽可能高，激磁频率 f_e、参考频率 f_{r1}、参考频率 f_{r2} 均由同一精密时钟分频产生。

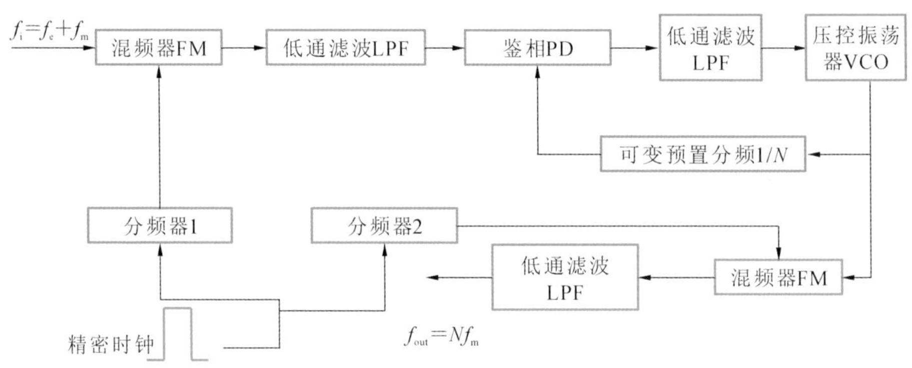

图 3-12　FM-FD-FM 细分法硬件实现原理框图

3）FD-FM 细分法

由于 FM-FD-FM 细分法是基于锁相倍频电路实现的，而锁相环本身又是一个闭环调节系统，为了减少锁相倍频电路的相位跟踪误差，则必须提高载波频率和感应同步器位移信号频率之比。实验表明，在锁相电路信号中，调制频率的高低对锁相倍频器相位误差影响很大。在调制频率不变的情况下，载波频率越高，相位跟踪误差越小。对于载波频率较低的感应同步器输出信号，不经第一次混频处理，而直接进行 N 倍频处理，然后再经混频处理，获得 N 倍位移信号频率的信号，这样可减少锁相环路的相位跟踪误差，以实现更高精度的测量，这种方法简记为 FD-FM 细分法，具体实现电路如图 3-13 所示。需要注意的是：在硬件电路实施时，感应同步器激磁信号及其输出 N 倍频信号 $N(f_e+f_m)$ 相混频的信号 Nf_e 的输入源应为同一信号源 f_e，且感应同步器激磁信号应经过与感应同步器输出信号相同参数的锁相倍频环路进行倍频处理，以保证尽可能高的测量精度。

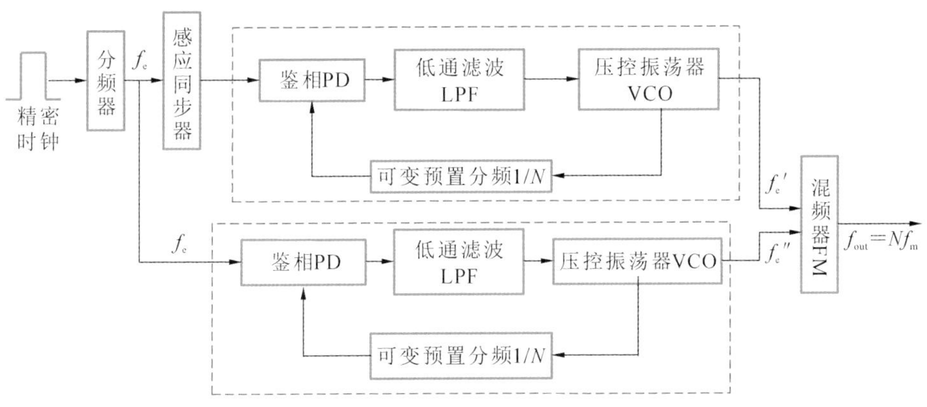

图 3-13 FD-FM 细分法硬件实现原理框图

对感应同步器输出信号 $f_i=f_e+f_m$ 进行倍频处理，得

$$f_o' = N(f_e + f_m) \tag{3-17}$$

式中：倍频系数 N 由系统要求的分辨率或选用的锁相环器件工作频率范围而定，在工作频率范围内，N 值越大越好。

对锁相环输出信号 f_o' 进行混频处理，得 N 倍位移信号频率的信号 f_{out}：

$$f_{out} = f_o' - f_o'' = N(f_e + f_m) - Nf_e = Nf_m \tag{3-18}$$

FM-FD-FM 和 FD-FM 细分技术的关键是锁相倍频环路的设计。对该电路参数的优化设计，既可使锁相跟踪误差小，又可获得较高的细分倍数和测量分辨率，但倍频系数 N 的选择应保证末端在极低转速下输出信号的稳定性。两种细分法在锁相环电路设计好后，对被测系统的最低极限转速有一定的限制。

4）FM-FD 细分法

这种方法是 FD-FM 细分法顺序的颠倒，即将图 3-13 中倍频（FD）环节和混频（FM）环节的先后顺序颠倒，如图 3-14 所示。

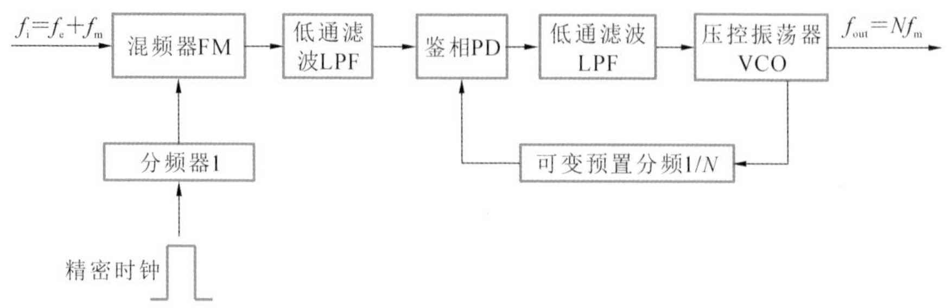

图 3-14　FM-FD 细分法硬件实现原理框图

对感应同步器输出信号 $f_i = f_e + f_m$ 进行混频及低通滤波处理，得信号：

$$f_o' = f_m \tag{3-19}$$

对信号 f_o'进行倍频处理得 N 倍位移信号频率的信号 f_{out}，其目的主要是在后续的信号处理中，增强信号的稳定性和抗干扰能力。

$$f_{out} = Nf_m \tag{3-20}$$

式中：倍频系数 N 由系统要求的分辨率或选用的锁相环器件工作频率范围而定，在工作频率范围内，N 值越大越好。

考虑到信号的稳定性和锁相环节相位滞后等问题，该方法一般适合于末端速度较高的“内联系”传动链精度的测量，如蜗杆砂轮磨齿机范成运动系统等。对于滚齿机床，因锁相环路输入信号频率过低、稳定性和抗干扰能力差，以及相位跟踪误差较大，故不采用此细分法。

以上这四种细分法，可使测量分辨率较微机时钟直接填充细分方法提高 2～3 个数量级，同时还大大提高了测量的实时性，对实现微纳运动位移的高精测量和机床传动链误差的高精度实时补偿，实现零件的高精度加工，具有极其重要的意义。

3.3　激光干涉微纳检测技术

3.3.1　激光干涉微纳检测技术概述

激光干涉微纳检测技术相较于其他微纳测量技术具有非接触、灵敏度高、准确度高等优点。因此，该技术在机械量的测量、流体测速仪、测振仪及生物运动的监测等领域得到了广泛的应用。目前，激光干涉测量法是全球公认的具有极高精度的机床几何精度检测和校准方式。然而，由于机床结构复杂而且制造的工件更加精密，仅测量线性性能是远远不够的。轴结构的摩擦效应和其他故障会导致轴在移动时旋转，造成机床元件的指定位置和实际位置之间出现偏差。这些“角度”和“直线度”影响会导致严重的特征位置误差或轮廓和表面偏差，进而使工件尺寸超差。如图 3-15 所示，雷尼绍公司近年来推出了 XM-60 型多光束激光干涉测量仪，该设备一次设定可以完成空间全部 6 个自由度的测量，可以高效、高精度地实现角位移、线位移的测量。

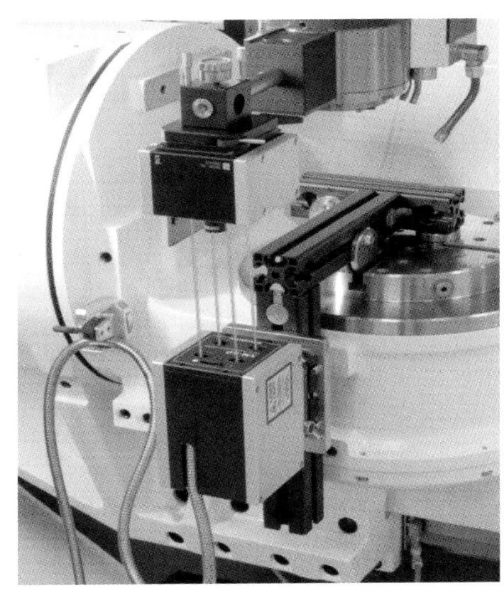

图 3-15 XM-60 **型多光束激光干涉仪**

XM-60 型多光束激光干涉仪是一个 4 光束激光测量系统，一次测量能完成运动轴的 6 个自由度检测，通过三次测试可以完成 X、Y、Z 三轴的 18 个自由度的测量。其主要的检测项目及技术性能指标如下。

1. 线性位移

(1)精度：±0.5 μm。

(2)分辨率：1 nm。

2. 直线度

(1)精度：±1%，±2 μm。

(2)分辨率：0.25 μm。

(3)测量范围：250 μm(半径)。

3. 小角度(俯仰角、扭摆角)

(1)精度：±0.6%的计算出的角度值，±0.1″，±0.02M″(M=测量轴移动距离，单位为 m，此处只取其数值)。

(2)分辨率：0.006″。

(3)测量范围：100″。

4. 滚摆度

(1)精度：±1%的计算出的角度值，±1.9″。

(2)分辨率：0.1″。

(3)测量范围：±100″。

目前应用的激光干涉仪测量技术主要是基于迈克耳孙干涉的单频或双频激光干涉仪。

3.3.2 激光干涉仪的测量原理

激光干涉测量技术以光波的叠加原理为基础。空间两列光波能够形成稳定的干涉条纹的条件如下：

(1)两列光波的频率相同；

(2)两列光波的振动方向相同；

(3)两列光波相位差恒定。

当空间存在两列相干光时，光强分别用 I_1、I_2 表示，则两光波叠加的光强 I 满足：

$$I = I_1 + I_2 + 2\sqrt{I_1 I_2}\cos\delta \tag{3-21}$$

式中：δ——两列光波相遇时的相位差。

可以看出，两光波在空间某点叠加后的光强与相位差有关，当 $\delta=\pm\pi$，

$\pm 3\pi, \pm 5\pi, \cdots$时，$\cos\delta=-1$，叠加后光强最小；当 $\delta=0, \pm 2\pi, \pm 4\pi, \cdots$时，$\cos\delta=1$，此时叠加后的光强最大。

相位差 δ 与光程差的关系为

$$\delta = 2\pi\Delta L/\lambda \tag{3-22}$$

式中：ΔL——两光波在空间某点处的光程差。

由此可以看出，当两光波在某点光程差 $\Delta L = mL$（m 为整数）时，叠加后光强最大，形成亮纹；当 $\Delta L=\left(m+\frac{1}{2}\right)\lambda$ 时，叠加后光强最小，形成暗纹。亮纹和暗纹交替出现即形成稳定的干涉条纹。

1. 单频激光干涉仪

单频激光干涉仪的光学系统如图 3-16 所示。激光器发出的平行光束由平板分光镜分为两路，一路反射向上，一路透射向右。这两路光分别经固定全反镜（参考镜）M_1 和可动全反镜（测量镜）M_2 反射后形成参考光束和测量光束，并在分光镜上重新会合后向下射出，成为相干光束。这时通过接收系统，可以接收到明暗干涉条纹信号。

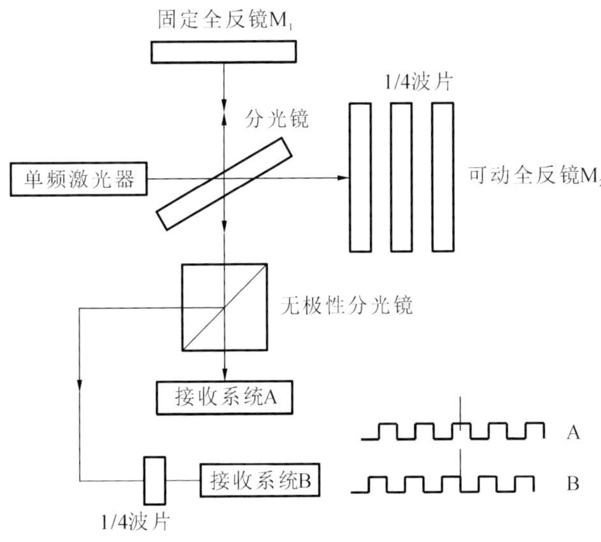

图 3-16　单频激光干涉仪的光学系统

2. 双频激光干涉仪

双频激光干涉仪的光学系统如图 3-17 所示。从双频 He-Ne 激光器发出的两束光强相等、旋向不同的圆偏振光，两者的频差为 Δf，其中左旋圆偏振光的频率为 f_1，右旋圆偏振光的频率为 f_2。偏振光经 1/4 波片变成两束振动方向相互垂直的线偏振光，从分光镜 2 分出一部分，再经检偏器 11 形成 f_1 和 f_2 的拍频信号，由接收器 12 接收后作为参考信号，其余经扩束器 3、4 准直扩束后进入干涉系统，偏振分光镜 5 把频率为 f_2 的线偏振光全部反射到固定棱镜 6，而让频率为 f_1 的线偏振光全部透过，进入可动棱镜 7，这两束光经 6、7 反射回来在偏振分光镜分光面会合。当可动棱镜运动时，f_1 变为 $f_1+\Delta f$。当汇合的两束光经检偏器 9 形成测量信号时，被接收器 10 接收。将这两路信号同参考信号进行频率相减，得到多普勒频差，然后由计算电路根据频差 Δf 算得移动距离 L。

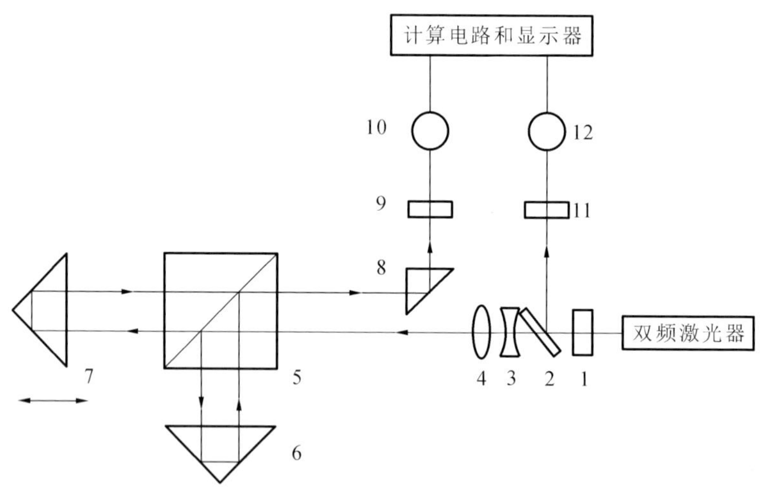

图 3-17　双频激光干涉仪的光学系统

1,9,11—1/4 波片；2—分光镜；3,4—扩束器；5—偏振分光镜；6—固定棱镜；7—可动棱镜；8—转向棱镜；10,12—光电接收器

对于上述单频激光干涉仪，当工作台与 M_2 以速度 v 移动时，则产生多普勒频差 Δf，为

$$\Delta f = f_1 \cdot \frac{2v}{c} = \frac{2v}{\lambda_1} \tag{3-23}$$

式中：c——光在真空中的传播速度；

λ_1——频率为 f_1 的激光束的波长。

如果在测量时间 t 内，可动全反镜 M_2 移动的距离为 L，由所获得的多普勒频差 Δf 进行累计可求得：

$$N = \int_0^t \Delta f \mathrm{d}t = \frac{2}{\lambda_1}\int_0^t v \mathrm{d}t = \frac{2}{\lambda_1}L \tag{3-24}$$

因此，M_2 的实际位移量为

$$L = N \cdot \frac{\lambda_1}{2} \tag{3-25}$$

式中：N——计算电路中的计数器所计光脉冲数。

双频激光干涉仪也可实现光路和电路倍频。倍频时的测长公式为 $L = N\frac{\lambda_1}{2m \cdot n}$，其中 m、n 分别是光路和电路的倍频数。

3.3.3 激光干涉仪的误差分析

激光干涉仪虽然具有高精度、高分辨率等特点，但由于环境、器材等一些外部因素的影响，其测量结果中也会存在一定的误差。激光干涉仪测量结果的主要误差有如下几项。

1）环境引起的误差

温度、湿度和气压均能对测量结果造成一定程度的误差，其中温度的变化会对被测物体本身产生影响，温度、湿度和气压变化会对空气的折射率等产生影响，从而导致光束的波长发生变化，进而影响测量精度。

2）死径误差

死径误差是在测量过程中受环境参数变化影响的一个误差。当干涉仪光波暴露在大气环境越多，受外界因素影响就越多，环境条件的变化会导致波长的微量变化。当测量基准位置位于干涉仪固定光学镜组-移动光学镜组（反射镜)之间时,干涉仪测量系统仅仅对基准到反射镜间的测量光程进行补偿,而基准和干涉仪固定光学镜组间的光程因波长变化引起的误差并没有得到补偿,此误差称为死径误差,即误差出现在并未包括温度、气压和湿度补偿之中的部分光程(死径)。

3)余弦误差

当激光光束和被测物体的测量轴不平行时,激光干涉仪测量出来的结果跟真实结果之间会有一定的偏差。由于这个误差依赖于激光光束和被测物体轴线之间的角度,因此叫作余弦误差。消除余弦误差的唯一方法是测量前正确调整激光光束。

4)阿贝误差

阿贝(Abbe)误差出现的原因是测量时被测物体没有严格按照直线轨迹运动,这样的运动轨迹会产生反射镜的倾斜,从而产生测量误差。测量轴与运动轴之间的距离被称为 Abbe 偏移。当 Abbe 偏移存在时,只有测量轴与反射镜的运动轴之间没有夹角才能避免 Abbe 误差。

5)其他误差

除了上面介绍的四种误差外,还有一些其他误差。例如:激光稳定性误差、某些条件下干涉仪电子部件产生的误差、错误计数或者错误计算产生的误差等。

虽然激光干涉仪的测量精度比较高,但是在微纳运动实现系统中其对微纳尺度级位移的实时检测与反馈所需成本较高,因此一般几乎不用,多数是用来进行机床精度的校准和微纳位移的离线检测。

3.4 其他先进微纳检测技术

一般来说,一套完整的微纳测量系统应该由四部分组成,即探测系统、位移系统、计量系统和信号处理及控制系统。目前,考虑到微纳机电系统、纳米器件、纳米材料、生命科学、医养健康等前沿研究领域的需求,如何将测量技术与控制技术相结合，融探测、位移测量、计量、信号处理及控制等技术于一体，设计并制造出精密、新型、智能的微纳测量系统以满足不同领域的行业需求，是微纳检测技术未来发展的方向。

近年来，大范围内的纳米级三维测量机（即 Nano-CMM）受到广泛的关注，成为微纳测量领域的研究热点。例如：日本东京大学等研制的 Nano-CMM，可以在 10 mm×10 mm×10 mm 范围内实现精度为 50 nm 的三维测量；英国国家物理实验室（National Physical Laboratory，NPL）的小范围三坐标机（SCMM）可以在 50 mm×50 mm×50 mm 范围内实现精度为 50 nm 的三维测量；德国伊尔姆瑙工业大学（Technische Universität Ilmenau）过程测试与传感技术研究所（Institute of Process Measurement and Sensor Technology，IPMS）对 Nano-CMM 的研究，实现了 25 mm×25 mm×5 mm 范围内分辨率为 1.24 nm 的三维测量；美国国家标准与技术研究院（National Institute of Standards and Technology，NIST）的分子测量机则可以在 50 mm×50 mm×0.1 mm 范围内实现精度为 1 nm 的三维测量；德国联邦物理技术研究所（Physikalisch-Technische Bundesanstalt，PTB）在计算机仿真与虚拟现实的基础上，首先引入了虚拟三坐标测量机（virtual CMM）的概念，对三坐标测量机的几何误差和探头系统的误差进行数学建模，考虑各种测量方案和周围环境对测量的影响。从 1999 到 2001 年的三年间，日本东京大学、日本标准研究所、德国 PTB 和澳大利亚标准研究所的有关权威人士组成了虚拟三坐标测量机研究小组，研究有利于三坐标测量机的准确标定和标准溯源的方法。

除前面介绍的几种测量方法，其他表面分析技术及仪器还有薄膜偏振光椭圆率测量仪、直接成像技术、散射测量技术、红外线质谱仪、变角度变波长椭圆偏振仪、表面传感 Roman 质谱仪（SERS）、非弹性原子和中子散射测量仪（IAS）、核磁共振仪（NMR）、电子自旋共振仪（ESR）等。其中，变角度变波长椭圆偏振仪主要用于测量多层膜的膜厚和光学特性，是一种用于薄膜无损分析的智能化仪器，其精度可达纳米数量级，可用于确定近紫外、可见光、近红外波长区域内薄膜光学常数，如美国 J. A. Wallam 公司的 WVASE with

AutoRetardTM 型变角度变波长椭圆偏振仪，其测量光谱范围为 200～1700 nm 连续可调，入射角度为 20°～90°连续可调，其精度可达纳米数量级。浙江大学卓永模等研制成功的双焦干涉球面微观轮廓仪，解决了对球形表面微观轮廓进行亚纳米级的非接触精密测量问题，该系统具有 0.1 nm 的纵向分辨率及小于 2 μm的横向分辨率。

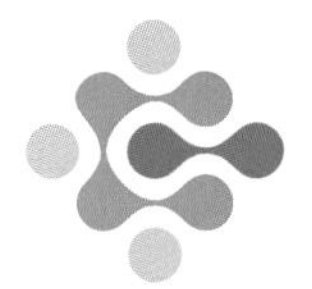

第4章 微纳运动控制技术

4.1 概述

微纳运动控制是超高精密机械装备技术的核心，其控制系统的性能可以用稳、准、快三个字来描述。稳是指控制系统的稳定性，一个系统要能正常工作，首先必须是稳定的，从阶跃响应上看应该是收敛的；准是指控制系统的准确性、控制精度，通常用稳态误差来描述，它表示系统输出稳态值与期望值之差；快是指控制系统响应的快速性，通常用上升时间来定量描述。各种先进的微纳运动控制策略通过计算机软、硬件体现，进行有效集成，形成计算机智能数控系统，对微纳机电伺服系统进行智能控制，使执行机构获得的微纳运动具有尽可能高的“稳、准、快”性能，实现高性能的精准定位与实时运动，这也是微纳运动控制系统控制智能化的最终目的。本章主要介绍了几种常用的微纳运动控制策略及其今后的发展、研究热点。

4.2 常用微纳运动控制策略

4.2.1 PID 控制策略

实现微纳尺度精度等级的运动控制，必须采用闭环自动控制技术，这是基于反馈的概念以降低不确定性。反馈理论的要素包括三个部分：测量、比较和执行。测量关心的是被控变量的实际值，将实际值与期望值相比较，用这个偏差来纠正系统的响应，执行调节控制。

在工程实际中，当被控对象的结构或参数不能完全掌握时，得不到精确的数学模型时，控制理论的其他技术难以采用时，系统控制器的结构和参数必须依靠经验和现场调试来确定，这时应用 PID 控制策略最为方便。即当我们不完全了解一个系统和被控对象，或不能通过有效的测量手段来获得系统参数时，最适合用 PID 控制策略。

因此，当前工程实际中应用最为广泛的调节器控制规律便是比例-积分-微分控制，简称 PID 调节控制。PID 调节器具有结构简单、稳定性好、工作可靠、调整方便等特点。

1. 控制原理及特性

PID 控制器由比例单元(P)、积分单元(I)和微分单元(D)组成，如图 4-1 所示。PID 控制器就是根据系统的误差，利用比例、积分、微分计算出控制量进行控制的。其输入$e(t)$与输出$u(t)$的关系如公式(4-1)所示：

$$u(t)=K_{\mathrm{P}}\left[e(t)+\frac{1}{T_{\mathrm{I}}}\int_{0}^{t}e(t)d(t)+T_{\mathrm{D}}\frac{\mathrm{d}e(t)}{\mathrm{d}t}\right] \tag{4-1}$$

因此它的传递函数为

$$G(s)=\frac{U(s)}{E(s)}=K_{\mathrm{P}}\left[1+\frac{1}{T_{\mathrm{I}}\times s}+T_{\mathrm{D}}\times s\right] \tag{4-2}$$

式中：K_{P}——比例系数；

T_{I}——积分时间常数；

T_{D}——微分时间常数。

1)比例控制

比例控制是一种最简单的控制方式。其控制器的输出与输入误差信号成比例关系。当仅有比例控制时，系统输出存在稳态误差。稳态误差是指系统的响应进入稳态后，系统的期望输出与实际输出之差。比例控制器存在的稳态误差随比例度的增大而增大。若需减小误差，则要减小比例度，而这又会使系统

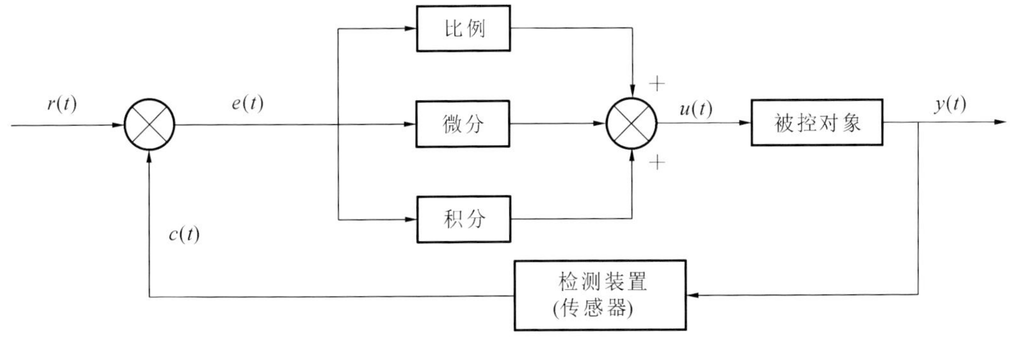

图 4-1 PID 控制器工作原理示意图

的稳定性下降。

2)积分控制

在积分控制中,控制器的输出与输入误差信号的积分成正比关系。对于一个自动控制系统,如果在其响应进入稳态后存在稳态误差,则称这个控制系统是有稳态误差的或简称有差系统。为了消除稳态误差,在控制器中必须引入“积分项”。积分项的误差取决于时间的积分,随着时间的增加,积分项会增大。这样,即便误差很小,积分项也会随着时间的增加而加大,它推动控制器的输出增大,使稳态误差进一步减小,直到稳态误差等于零。因此,比例+积分(PI)控制器,可以使系统在其响应进入稳态后无稳态误差。

3)微分控制

在微分控制中,控制器的输出与输入误差信号的微分(即误差的变化率)成正比关系。自动控制系统在克服误差的调节过程中可能会出现振荡甚至失稳。其原因是具有较大惯性的组件(环节)或滞后组件具有抑制误差的作用,其变化总是落后于误差的变化。解决的办法是使抑制误差的作用的变化“超前”,即在误差接近零时,抑制误差的作用就应该是零。这就是说,在控制器中仅引入“比例”项往往是不够的,比例项的作用仅是放大误差(增大其幅值),而目前需要增加的是“微分项”,它能预测误差变化的趋势。这样,具有比例+微分的控制器,就能够提前使抑制误差的控制作用等于零,甚至为负值,从而避免了被控量的严重超调。因此,对有较大惯性或滞后的被控对象,比例+微分(PD)控制器能改善系统在调节过程中的动态特性。

2. PID 控制器的参数整定

PID 控制器的参数整定是控制系统设计的核心内容，指根据被控过程的特性确定 PID 控制器的比例系数、积分时间和微分时间的大小。由于 PID 控制的基本思想是将偏差的比例、积分和微分三参数通过线性组合构成控制器，因此系统控制品质的优劣取决于上述三参数的整定。

PID 控制器参数整定的方法很多，概括起来有两大类。

一是理论计算整定法。它主要依据系统的数学模型，经过理论计算来确定控制器参数。这种方法所得到的计算数据未必可以直接使用，还必须通过工程实际进行调整和修改。

二是工程整定方法。它主要依赖工程经验，直接在控制系统的试验中进行，且方法简单、易于掌握，在工程实际中被广泛采用。PID 控制器参数的工程整定方法，主要有临界比例法、反应曲线法和衰减法。三种方法各有特点，其共同点都是通过试验，然后按照工程经验公式对控制器参数进行整定。但无论采用哪一种方法所得到的控制器参数，都需要在实际运行中进行最后调整与完善。现在一般采用的是临界比例法，利用该方法进行 PID 控制器参数的整定步骤如下：

(1)首先预选择一个足够短的采样周期让系统工作；

(2)仅加入比例控制环节，直到系统对输入的阶跃响应出现临界振荡，记下这时的比例放大系数和临界振荡周期；

(3)在一定的控制精度下通过公式计算得到 PID 控制器的参数整定值。

3. 基于遗传算法的 PID 控制器参数整定控制

目前，随着模糊控制、神经网络、专家系统等智能控制理论的发展，多种智能控制与 PID 控制相结合的智能 PID 控制策略得以提出。然而，这些控制策略或者要求操作者对被控过程有全面的先验知识，或者要求参数优化的搜索空间连续可微，从而使其应用受到了一定的限制。遗传算法是一种基于自然选择和基因遗传学原理的群体寻优搜索方法，它通过适应度函数来选择优秀种群，对被控过程先验知识的依赖性小，求解的鲁棒性好。另外，遗传算法对适应度函数基本无限制，既不要求函数连续，也不要求函数可微，因而采用遗传算法对 PID 控制器参数进行优化整定不失为一种理想的办法。

遗传算法在 PID 控制器参数整定中涉及的主要问题有参数的编码和译码、适应度函数设计、约束条件处理、选择机制的确定等。多参数寻优遗传算法的运行流程如图 4-2 所示。

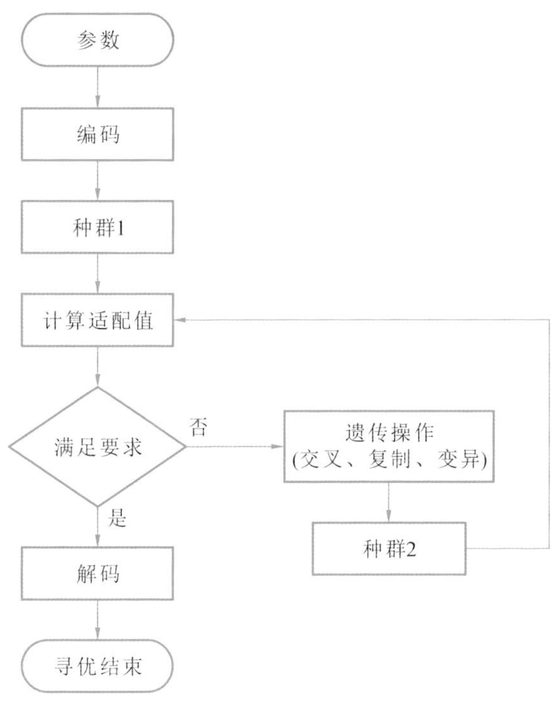

图 4-2　多参数寻优遗传算法流程图

在应用遗传算法时，首先遇到的问题是参数的编码和译码。在解多参数寻优问题时，考虑到工业过程控制中较大的整定与寻优空间，以及精度，这里采用 10 位的二进制编码串来分别表示 3 个决策变量 K_P、T_I、T_D，每个基因长度为 30。由于二进制的编码无法直接运用于控制器算式中，因此必须进行解码。解码时需要将 30 位长的编码串切断为 3 个 10 位长的二进制编码串，然后分别将它们转换为对应的十进制整数代码，记为 X_1、X_2、X_3。那么，根据个体编码方法和对定义域的离散方法即得所要寻优的 K_P、T_I、T_D。例如，在工业过程控制中，K_P 的变化范围一般为[0.1,100]，那么 K_P 的值运用译码公式(4-3)计算：

$$K_P = \frac{[(100-0.1)\times X_1]}{(2^{10}-1)} + 0.1 \tag{4-3}$$

基于遗传算法的 PID 控制框图如图 4-3 所示。

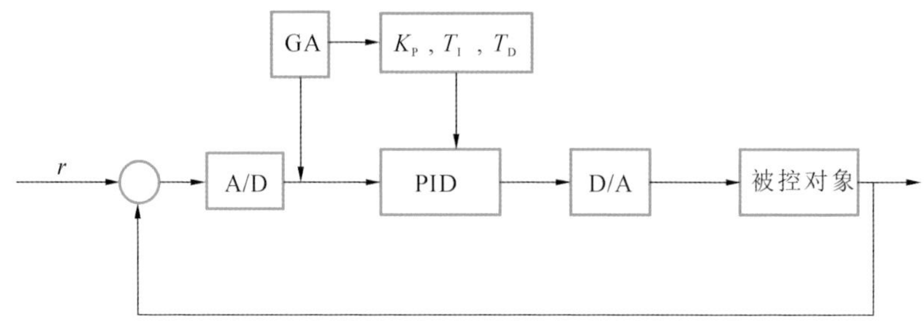

图 4-3　基于遗传算法的 PID 控制框图

4. PID 控制分类及应用说明

1)PID 控制分类

实际应用中，由比例、积分、微分三个基本环节构成的常用调节控制器主要有 PI、PD 及 PID 控制器三种基本类型。根据工程控制的具体应用场合和性能要求，同时结合有无反馈检测装置和各种控制算法，实际使用时可以构成各种各样的 PID 控制器产品。根据控制器硬件组成特点不同，有开环 PID 控制器、闭环 PID 控制器之分，有模拟 PID 控制器、数字 PID 控制器之分等；根据 PID 参数整定方法不同，有经典 PID 参数整定方法控制器与先进 PID 参数整定方法控制器，有模糊 PID 控制器、神经网络 PID 控制器、模糊神经网络 PID 控制器等各种智能 PID 控制器。目前，智能 PID 控制器产品已在工程实际中得到了广泛的应用。在拥有智能 PID 参数自整定功能的智能调节器中，PID 控制器参数的自动调整是通过智能化调整或自校正、自适应、深度学习等算法来实现的。

2)PID 控制的应用说明

PID 控制器由于结构简单、容易实现，并且具有较强的鲁棒性，因此被广泛应用于各种工业过程控制中。PID 控制器参数整定优劣与否，直接影响 PID 控制器能否在实用中得到好的闭环控制效果。迄今为止，各种先进PID控制器参数整定方法层出不穷，给PID控制器参数整定的研究带来了活力与契机。但在实际应用中，同经典的PID控制器参数整定方法相比较而言，这些先进的整定方法并没有像预期的那样产生完美的控制效果。这主要是因为PID控制器结构上的简单性决定了它在控制品质上的局限性，并且这种简单性使得PID控制器对大时滞、不稳对象等被控对象的控制性能不是很好；同时，PID控制器只能确定闭环系统的少数零极点，无法得到更好的闭环控制品质。此外，PID控制器无法同时满足对设定值跟踪和抑制外扰的不同性能要求。

微纳运动实现系统多数具有非线性、时变性特点，传统PID控制很难获得微纳尺度级的精准控制效果，因此，针对不同应用系统和精度要求，往往多是采用各种先进的PID参数整定的控制方法。如基于模糊神经网络的PID控制方法，即将模糊控制、神经网络与PID控制相结合，采用多层前向网络、动态BP算法，利用神经网络的自学习和自适应能力，实时调整网络的权值，改变PID控制器的控制参数，整定出一组适用于控制对象的K_P、T_I、T_D参数，实现高精度定位或运动控制的自适应和智能化PID控制。

4.2.2 神经网络控制

基于人工神经网络的控制称为神经网络控制(neural network control，NNC)，简称神经控制。

人工神经网络是从微观结构与功能上对人脑神经系统的模拟而建立起来的一类模型，具有模拟人的部分形象思维的能力，其特点是具有非线性特性、学习能力和自适应性。它是模拟人的智能的一种重要途径，在许多方面取得了广泛应用。神经网络的智能模拟用于控制，是实现智能控制的一种重要形式，近年来获得了迅速发展。

神经网络控制是指在控制系统中采用神经网络这一工具对难以精确描述的复杂的非线性对象进行建模，或充当控制器，或优化计算，或进行推理，或进行故障诊断等，亦即同时兼有上述某些功能的适应组合。从神经网络的基本模式看，主要有前馈型、反馈型、自组织型及随机型网络。目前，在控制领域内神经网络正在稳步发展，这种发展的动力主要来自三个方面：

第一个方面，处理越来越复杂的系统的需要；

第二个方面，实现越来越高的设计目标的需要；

第三个方面，在越来越不确定的情况下进行控制的需要。

因此，对于控制对象、环境与任务复杂的系统，可以采用人工神经网络智能控制的方法。目前常用的神经网络控制方法主要有 BP(back propagation，反向传播）神经网络控制、RBF（radical basis function，径向基函数）神经网络控制等。

1. BP 神经网络控制

BP 神经网络是目前研究最为成熟、应用最为广泛的人工神经网络模型之一，如图 4-4 所示。由于具有结构简单、可操作性强、较好的自学习能力、可有效解决非线性目标函数的逼近问题等优点，因此它被广泛应用于自动控制、模式识别、图像识别、信号处理、预测、函数拟合、系统仿真等学科和领域中。但是，该模型的算法也存在许多不足。例如，初始学习率选取困难，收敛速度慢，接近最优解时易产生波动，有时还会出现振荡现象，对于具有增长趋势的时间序列预测问题外推效果不佳等。为了弥补这些缺陷，可通过整体变学习率的改进算法、基于神经网络的时间序列预测和优化新方法，来改善 BP 神经网络特性，构建基于 BP 神经网络的无约束和有约束优化问题的一般数学模型。此模型可用于 PID 控制器参数的优化整定。

基于 BP 神经网络控制的 PID 控制器参数优化整定原理如图 4-5 所示。BP 神经网络可以根据系统运行的状态，对 PID 控制器参数 K_{P}、T_{I}、T_{D} 进行调节，使系统达到最优的控制状态。

2. RBF 神经网络控制

在控制领域中，目前应用较多的网络是 BP 神经网络，但 BP 神经网络存在局部最优问题，并且训练速度慢、效率低。RBF 神经网络在一定程度上克服了这些问题，因此它的研究与应用越来越得到重视。

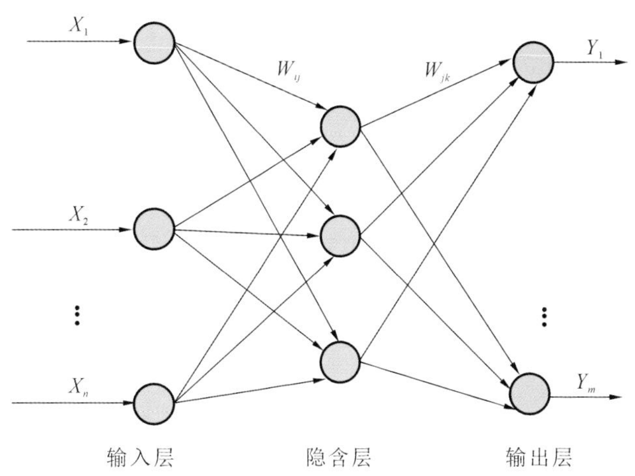

图 4-4 BP 神经网络结构

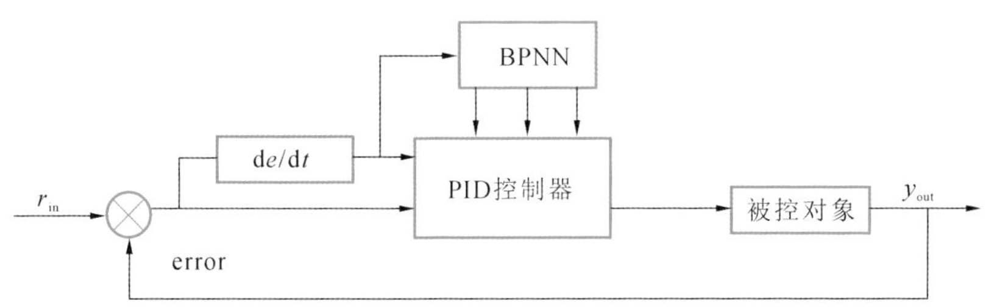

图 4-5 BP 神经网络控制对 PID 控制器进行参数优化整定的原理框图

1)RBF 神经网络对非线性动态系统的建模

微纳运动实现系统的强非线性、蠕动、时变等特性，使得用常规算法对非线性系统建模难以获得理想效果，而 RBF 神经网络在这方面显示出其特有的优势，因此，近年来 RBF 神经网络较为广泛地用于非线性系统的建模、预测、分析等方面。RBF 神经网络是一种典型的由输入层、隐含层、输出层组成的三层前馈式神经网络结构，如图 4-6 所示。

输入层为 $X=[x_1,x_2,\cdots,x_i,\cdots,x_n]$，输入为转矩及给定转速与实际转速的差值。隐含层为 $H=[h_1,h_2,\cdots,h_j,\cdots,h_m]^{\mathrm{T}}$，节点按高斯函数选取，由线性神经元组成。输出为所有隐含层节点的输出之和。

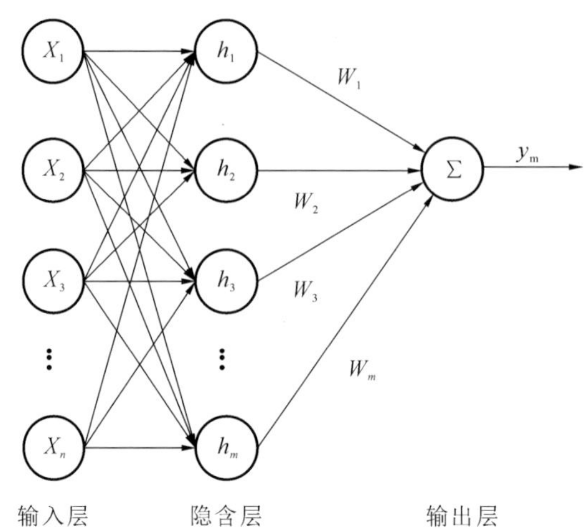

图 4-6 RBF **神经网络结构图**

2)RBF 神经网络与遗传算法

由于 RBF 神经网络的初始权值、阈值和高斯函数中心矢量不能较好地确定，而隐含层单元的传输函数又是不连续、不可微的，因此采用传统的优化方法可能陷入局部极小域。而遗传算法则具有不依赖这些信息的全局搜索特性，基于遗传算法优化的 RBF 神经网络，不仅可以获得网络的初始权值、阈值和高斯函数中心矢量的全局最优解，还可以提高神经网络的泛化性能，提升系统的精度、鲁棒性和自适应性，同时，在此基础上还可以和前馈控制、模糊系统、PID 控制等结合，实现复合控制新策略。

3)RBF 补偿复合控制策略

图 4-7 给出的是由前馈控制、PID 反馈控制和径向基函数(RBF)补偿控制有机结合的一种三层复合控制方案。

其中，前馈控制规律设计简单，一般就是一种开环控制系统，利用输入或扰动信号的直接控制作用构成。

PID 用作反馈控制项。在综合控制系统设计中，先进的最优控制理论用来调整 PID 控制增益，PID 反馈控制器的设计可以使用线性二次型调节器(linear quadratic regulator，LQR)技术，来优化并稳健标称系统的性能。前馈加反馈结

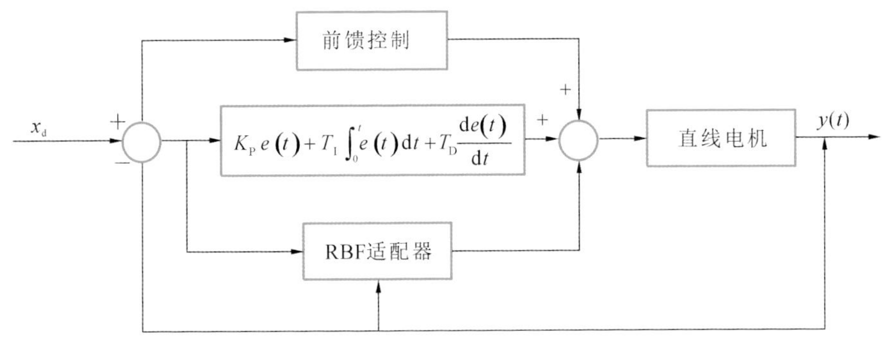

图 4-7　三层复合控制方案

构通常也称为二自由度(2-DOF)控制。二自由度(2-DOF)控制可以满足许多实际控制要求,但是如果需要进一步提高性能,第三个控制组件可能会被启用。

径向基函数(RBF)补偿用于对非线性余项进行建模,在线性化闭环系统中用以匹配系统 RBF 的非线性部分,用来对未明确界定的非线性函数建模。径向基函数补偿为神经网络内的隐含层单元提供了一个基本函数集合,这些单元可扩大到更高维的隐含层单元空间。

4.2.3　滑模控制

1. 滑模控制简介

20 世纪 50 年代,苏联学者首次提出滑模变结构控制(sliding mode control,SMC,后简称滑模控制)的基本思想。20 世纪 70 年代后期至今,在众多学者的大力推动下,滑模控制的研究受到了广泛关注,取得了丰硕的研究成果,这种方法已成为控制理论的一个重要分支。

滑模控制的基本原理是根据系统所期望的动态特性来设计系统的切换超平面(即开关面,也称滑模面),通过构造适当的模控制器(通常为开关控制),控制系统状态从超平面之外向切换超平面收缩。系统一旦到达切换超平面,控制作用将保证系统沿切换超平面到达系统原点,这一沿切换超平面向原点滑动的过程称为滑模控制。

2. 滑模控制器设计步骤

在微纳运动系统控制过程中，控制器根据系统当前运动状态，以跃变方式不断变换，迫使系统按预定“滑动模态 ”的状态轨迹运动。微纳运动滑模控制系统的设计基本上可分为两步。

(1)确定切换函数(滑模函数)$S(x)$和开关面，使它们所确定的滑动模态渐近稳定且有良好的品质，开关面代表了系统的理想动态特性。

(2)设计滑模控制器，使到达条件得到满足，从而使趋近运动(非滑动模态)于有限时间内到达开关面，并且在趋近的过程中快速、抖振小。

3. 滑模控制的应用特点

滑模控制的优点是滑动模态的设计完全独立于对象参数和运行环境，因此其对参数不确定性及外扰具有完全的鲁棒性，尤其是对非线性系统具有良好的控制效果。而且变结构控制系统算法简单、响应速度快，这也是该方法备受青睐的根本原因。

在实际应用中，滑模控制也存在以下不足。

(1)振颤与失稳问题。状态轨迹到达滑动模态面后，难以严格沿着滑动模态面向平衡点滑动，而是在其两侧来回穿越地趋近平衡点，从而产生振颤。理论上，要维持理想滑动模态，开关控制的频率须为无穷大，而在实际应用中，控制输入的高频切换将引起寄生动态执行器、传感器的激励，从而导致不可预料的失稳。

(2)噪声敏感性问题。在滑动模态下，滑模函数近似为零，而开关控制取决于滑模函数的符号，因此滑模控制对噪声极其敏感。

(3)对参数不确定性的局限性。相对于可实现参数鲁棒性的其他手段，如自适应控制，滑模控制对参数不确定性的控制代价过大。

(4)等价控制计算困难。对于未知结构的被控对象，等价控制难以确定。

针对上述问题，人们提出了多种改进方法，主要包括如下内容。

(1)边界层连续化。在边界层内采用高增益线性反馈来代替开关控制，即基于高增益控制系统与滑模控制系统的等价性，以牺牲稳态性能为代价达到削弱或消除振颤的目的。

(2)基于观测器的滑模控制。振颤的根源是开关控制与寄生动态的相互作用,因此,利用状态观测器构成高频旁路,将开关控制与寄生动态隔离开来,理论上可以避免振颤的发生。该方法的主要不足在于观测器性能依赖于对象参数,同时,观测器的设计还须在鲁棒性和稳定性之间取得平衡。

(3)频率整形。该方法主要针对执行器(如柔性机器人、汽车起重机等)的动态对滑动模态有严重影响的情况。其基本思想是将滑模面视为定义于状态空间的线性操作,以抑制滑动模态在特定频段内的响应。该方法也可有效抑制开关控制对高频寄生动态的激励。

(4)高阶滑模控制。该方法为相对阶大于 1 的对象提供了一种有效的鲁棒控制手段,可实现滑模函数及其微分的有限时间收敛,对于削弱振颤也有较好的效果。但由于寄生动态通常难以得到精确描述,因此,该方法并不能完全避免振颤。此外,精确的高阶微分反馈在实现中也是一个难点。

(5)与自适应、计算智能方法的融合。此类方法主要从减小控制代价、平滑控制输入的角度缓解振颤问题,其出发点是通过拟合、补偿等方式在经典滑模基础上进一步强化等价控制的作用,以减少对开关控制的依赖。特别地,借助计算智能方法,还可为模型完全未知的对象设计有效的滑模控制。

4. 自适应滑模控制在微纳机械运动系统中的应用

随着研究的深入,滑模控制已经在诸如机床、空间机器人、航空航天飞行器等非线性系统、多输入多输出系统、离散时间系统、时滞系统、混沌系统等领域得到较为普遍的应用。

滚珠丝杠副进给伺服系统目前已广泛应用于机床等各种高端智能装备中。通常情况下,滚珠丝杠副控制模型作为被控对象,可等效为刚体模型。由于滚珠丝杠副进给系统具有振动模态特性,并受到摩擦等外界干扰,当滚珠丝杠副在较高的速度和加速度环境中运行时,进给系统会出现轴向与扭转振动模态,而这些模态会限制伺服系统的带宽,从而影响定位和跟踪精度;另外,在启动与极低速情况下,滚珠丝杠副进给系统又受到动、静摩擦时变非线性因素的影响,因此传统的控制方法根本不能满足高精度的控制要求。为此，国内外很多学者针对滚珠丝杠副进给系统高精度控制方法进行了大量的研究。

自适应滑模控制器本身具有较高的控制精度，可以补偿一部分外界干扰。但在系统启动、停止和换向过程中存在跟踪误差，这些误差主要是由系统摩擦造成的，摩擦的非线性很大程度上影响了进给运动的跟踪精度。

摩擦补偿是构建高精度伺服系统的重要环节，已成为目前伺服控制策略的研究热点之一。摩擦补偿策略一般可以分为两类：基于摩擦模型的补偿策略，以及不依赖于摩擦模型的补偿策略。

其中，基于摩擦模型的补偿策略只有在采用的摩擦模型及模型参数都十分精准的情况下，才能实现精确的摩擦补偿。而随着伺服系统工作时间的增加，传动机构将不可避免地产生磨损，同时润滑情况也会出现一些改变，从而导致补偿所依赖的摩擦模型的参数值不可避免地产生变化，此时必须重新进行复杂的参数辨识，才能保证补偿的精度。基于摩擦模型的自适应摩擦补偿，可进行模型参数的在线估计，能够在摩擦环境发生一定变化的情况下实现较好的补偿效果。但是自适应控制仍然不能很好地消除伺服系统中存在的不确定非线性项，其鲁棒性较差，而且需要摩擦模型具有较高的精确性。而在实际伺服系统中，建模误差和外部扰动不可避免地存在，从而限制了自适应控制的效果，降低了伺服系统的低速跟踪性能，甚至可能造成系统不稳定。

滑模控制是一种非线性的控制方法，利用滑动模态，通过切换状况的改变来克服不确定性，不仅可以满足系统内部参数变化的需要，而且对各种不确定性扰动也具有很好的适应性。但是，滑模控制也存在一定的缺陷，如系统易产生抖振现象。自适应滑模控制是自适应控制和滑模控制的有机结合，既可解决系统参数不确定及参数时变问题，又能抑制滑模控制的抖振现象，因此其可以更精确地实现摩擦补偿。图 4-8 给出了一种基于修正黏性摩擦 LuGre 模型的自适应滑模摩擦补偿方案，研究表明该补偿方案使系统跟踪误差减小，自适应滑模控制器的跟踪精度得到较大提高。

综上所述，滑模控制应用于很多领域，学者们进行了大量的研究实验，滑模

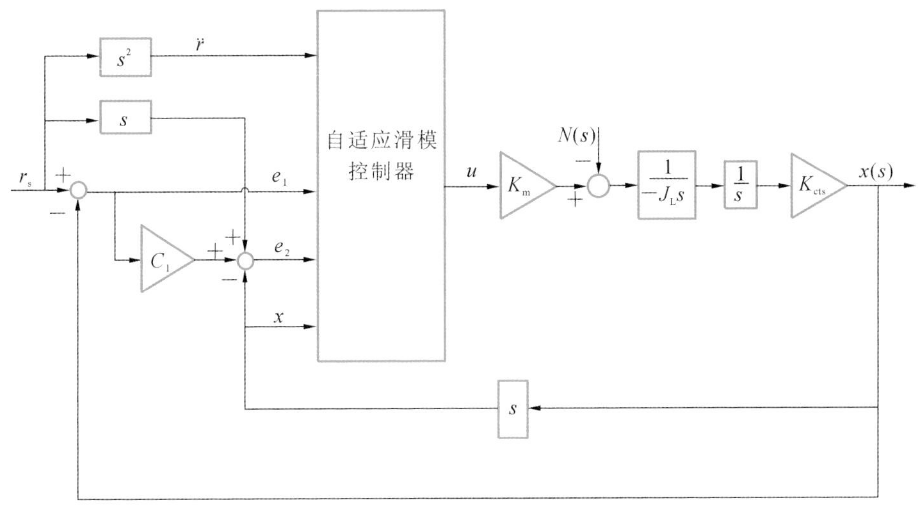

图 4-8　自适应滑模摩擦补偿方案

控制最大的缺点就是使系统产生抖振现象，但学者们将其与摩擦补偿的几种方法相结合，可以有效地克服缺点，从而更高效地应用滑模控制策略。

4.2.4　自抗扰控制

1. 自抗扰控制简介

20 世纪 90 年代，中国科学院数学与系统科学研究院系统科学研究所的韩京清研究员基于对现代控制理论过多地依赖于系统数学模型的反思，并吸收工程中大量使用的 PID 控制的思想精髓，提出了一种几乎不依靠数学模型的控制方法——自抗扰控制(active disturbance rejection control，ADRC)，来对付非线性、大不确定性和外部扰动。

迄今为止，无论是过程控制还是运动控制，无论是微纳级高精度控制还是大规模高集成的一体化控制，自抗扰控制技术与众不同的抗扰性、节能性、鲁棒性及其模型不依赖性已经为大量的仿真实验、硬件实验及工厂实验所验证。

自抗扰控制技术主要涉及三个环节：跟踪微分器(tracking differentiator，TD)、扩张状态观测器(extended state observer，ESO)，以及基于扩张状态观测器的非线性状态误差反馈(nonlinear state error feedback，NLSEF)控制。虽然数值试验与工程实践运用已经取得了巨大的成功，但是理论研究却很少触及。

自抗扰控制技术的第一个环节——跟踪微分器最初是为了改进 PID 控制中的 D(微分单元)不能物理实现的局限性而提出的。这是因为在许多情况下，PID 控制中 D 的误差的变化速度不便于直接量测或直接量测的代价太大，同时经典差分方法在提取噪声污染信号的微分信号时通常会将噪声放大，PID 控制在很多情况下其实只是 PI 控制。跟踪微分器对噪声污染的鲁棒性克服了这一困难。自抗扰控制技术的第二个环节，也是最主要的环节是扩张状态观测器。扩张状态观测器是通常状态观测器的推广，其特殊之处在于其对状态的观测是通过系统观测输出的部分状态来估计其余的状态。扩张状态观测器不仅用于估计系统的状态，还用于估计外部扰动和系统未建模动态等不确定性，这是扩张状态观测器名称的来源。

韩京清研究员提出的自抗扰控制器与传统控制器相比有很大突破，其特点如下。

(1)被控对象内涵广泛。自抗扰控制输入-输出描述对象的形式没有特定要求，可以是非线性的，也可包括随机涨落。

(2)利用跟踪微分器(TD)安排过渡过程。自抗扰控制利用 TD 对参考输入安排过渡过程并提取其微分信号。

(3)利用扩张状态观测器对对象估计。自抗扰控制不仅能得到各个状态变量的估计，还能得到对象方程右端估计。

(4)控制量组合方式灵活。自抗扰控制的控制量可以是线性的，也可以是非线性的。

目前，随着自抗扰控制在不同实际领域的应用，其影响日益广泛，其效率逐渐得到各领域专家的认同。自抗扰控制仿真软件是自抗扰控制的数字仿真工具，一方面使用户了解、掌握自抗扰控制功能，另一方面可为控制器设计提供定量化依据和验证。

2. 自抗扰控制的应用

自抗扰控制器是在发扬 PID 控制技术的精髓并吸取现代控制理论成就，运用计算机仿真试验结果的归纳和综合中探索出来的，是不依赖于被控对象精确模型、能够替代 PID 控制技术的新型实用数字控制技术。自抗扰控制器的基本结构框图如图 4-9 所示。

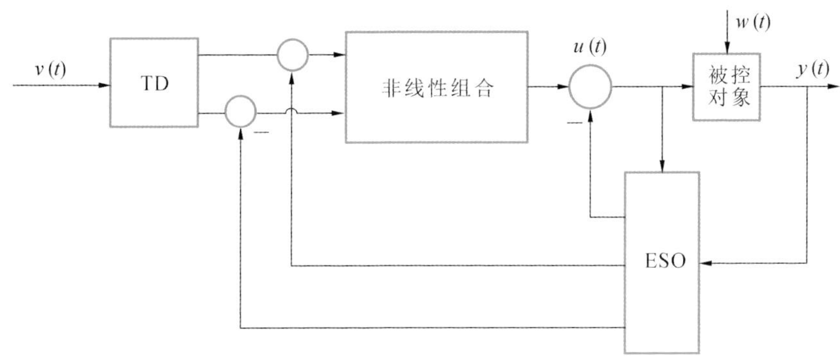

图 4-9　自抗扰控制器的基本结构框图

不确定系统控制是控制科学中的核心问题，围绕这一问题涌现出大量的控制方法。自抗扰控制方法在解决不确定系统控制问题方面的突出特点主要体现在两个方面：一是可处理大范围及复杂结构非线性、时变、耦合等不确定系统；二是控制结构简单并可保证闭环系统具有良好的动态性能。已有的许多不确定系统控制方法或针对参数不确定性，或针对有界的不确定动态，或针对有界/动态模型已知的外界输入扰动，而自抗扰控制思想则允许系统中的不确定性可以既含有内部非线性时变动态模型，不预先要求有界，又含有外部的不连续扰动。

自抗扰控制是针对同时具有内部和外部不确定性的非线性系统控制问题而提出的，其核心思想是将系统的内部不确定性（无论是定常还是时变，线性还是非线性）和外部不确定性（外部扰动）一起作为“总扰动”，通过构造扩张状态观测器，对“总扰动”进行估计并实时补偿，以期获得较强的控制不确定性的能力，以及较好的控制精度。因此，自抗扰控制可以视为一种极大拓展了自适应控制研究的非线性自适应方法。

近年来，自抗扰控制技术已经成为非线性系统控制领域的研究热点，其理论分析与应用都取得了较大的发展。由于自抗扰控制框架中对被控对象的不确定性没有严格限制，因此其适用范围很广。目前，自抗扰控制在很多领域都得到了广泛的应用和研究。

4.3 其他先进控制策略及研究

4.3.1 其他先进控制策略

对于微纳运动系统，由于其微纳尺度精度级的高性能要求，对于发展的各种致动微纳运动实现，因其间隙、变形、蠕变、滞后等各种时变及强非线性因素的影响，当前各种先进控制策略和计算方法，基本上在微纳运动系统控制技术中都能体现，也正是各个前沿领域尖端技术对微纳运动系统高精度性能的迫切要求，促进了现代控制理论与技术的研究发展。因此，针对不同的微纳运动系统和实现原理，除了上述介绍的几种先进控制策略，还有一些其他各具特色的控制策略和方法。

1. 预见控制策略

预见控制是 20 世纪 70 年代发展起来的一种先进控制思想，它在跟踪给定信号已知的条件下，运用优化控制理论，以二次型为最优化控制指标，在原有闭环系统中增加了前馈补偿通道，通过前馈补偿通道将目标信号的变化提前加到控制输出端，使系统输出能更快地随着目标变化方向动作。

预见控制在具体实现上分为最优预见控制、预见前馈补偿控制两种。这两种控制的基本结构相同，如图 4-10 所示。图中，$R(k)$为目标控制信号，$F_R(j)$为目标信号的预见补偿增益，F_e 为误差补偿函数，F_x 为状态变量反馈补偿函数，$y(k)$为控制对象实际状态输出信号。它们都要求反馈控制器具有状态反馈的基本形式，但是最优预见控制要求反馈控制器也要按最优化方法进行设计，而预见前馈补偿控制则没有这样的要求，故其有更为广泛的应用范围。

预见控制的基本原理：首先，对于指令目标输入信号的变化，由于预见前馈作用，在目标信号变化的前若干步，控制输入就已根据系统的动态特性和目标信号的大小预先发生动作，从而避免了给定变化造成的控制不及时，使得跟踪输出更为平滑；其次，随着控制输入离控制信号变化的时间间隔不断缩短，预见前馈动作幅度也不断变大，若在预见步数内给定没有变化则前馈控制没有输出；最后，由于反馈的存在，某目标时刻后的控制输出依然存在变化，使得系统能够具有对干扰的抑制能力，这也保证了系统稳定性。

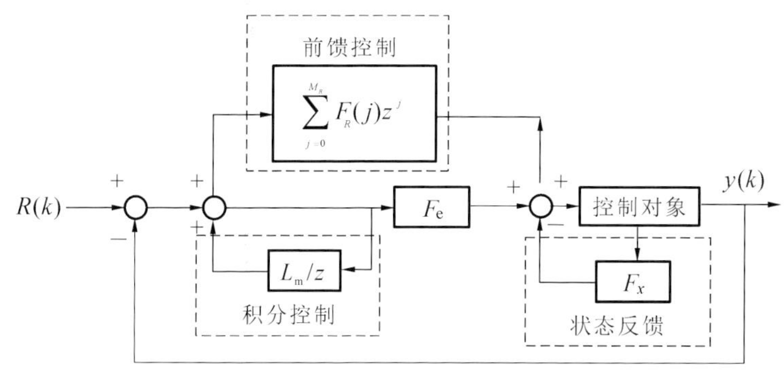

图 4-10　预见控制基本结构

2. 鲁棒控制策略

鲁棒控制的研究是针对模型的不确定性问题提出的。其研究的重点是讨论控制系统的某个性能或某个指标在某种扰动下保持不变的能力(或对扰动不敏感的程度)；针对控制对象模型的不确定性(包括模型的不确定性、非线性的线性化、降阶近似、漂移、参数与特性时变性、工作环境与外界扰动等)，设法保持系统的稳定鲁棒性和品质鲁棒性。主要的方法有代数方法和频域方法。

3. 模糊控制策略

模糊控制策略是当前智能控制发展与应用相对较广泛和成熟的一种策略。目前，模糊控制器专家芯片已经商品化，即对于实际系统的不确定性因素，在无法构建精确数学模型的情况下，往往借助于专家的经验，采用一定的逻辑推理机制来实现目标控制。尽管模糊控制策略提高了控制智能性，但是单纯采用模糊控制策略需要较多的控制规则，并且需要工作人员的大量经验，控制精度相对较低。因此，目前更多的模糊控制应用是与其他控制策略的复合，如混合模糊控制、自适应模糊控制、神经模糊控制等技术的应用。

4.3.2 各种现代控制策略的共性分析与研究动态

随着研究的深入，在最为常用的 PID 基本控制策略基础上，各种新型微纳运动控制策略不断涌现。这些控制策略都是根据微纳运动系统各自的突出特点及应用要求，有效地将各种控制策略结合在一起组成的复合控制策略，以补偿其中单一控制策略的不足。但是，这些看似毫无联系的高精度闭环控制策略和方法却有一个共性：其控制和反馈变量一般是目标对象的实际位移、速度及其误差和变化率等。然而，还有一些先进的微纳运动控制策略，不仅要求系统具有精确的微纳定位性能，而且要求系统具有优异的动态性能，但有的性能则是一对矛盾体，如大行程和高精度、快速定位和高分辨率、低速性和高速性等。

因此，依据应用场合要求，需要选择不同的微纳运动系统和相应的微纳运动控制策略。同时，在微纳运动实现技术上应开展进一步研究，对于具有高动态性能的微纳运动系统的控制策略，将加速度甚至加加速度作为反馈变量信号纳入控制策略是必须的。但在实践中，人们很少能遇到相关对象可有效利用的加速度测量，这种现象的产生有几个原因：首先，性能优良的加速度计非常昂贵，而且还没有组件的使用标准；其次，加速度计的信号一般非常嘈杂，这限制了其在振动、冲击和力测量，以及高频颤振抑制和微纳精密运动控制中的应用。但是随着传感技术的发展和加速度计成本的显著降低，基于加速度测量的闭环反馈控制方法将是一个值得学者们努力研究的方向。对于加速度信号反映系统实际的最重要的动态响应性能，可以利用更多的加速度信号，设计全状态反馈控制器来替代 PID 控制器。这种额外的状态反馈可以得到某些改善结果。因此，结合实际位移、速度及加速度反馈信号的测量技术，进一步研究全新的全状态反馈控制器，并将其运用到各个领域，以实现高品质微纳定位与运动控制，这将会有很大发展空间，需要学者们不断地研究探索。

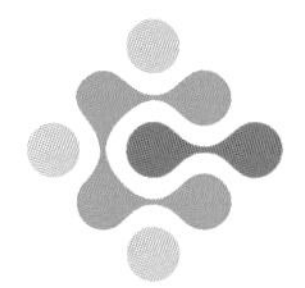

第5章 直线电机微纳运动实现技术

5.1 概述

超精密定位技术是精密制造、精密测量和精密驱动中的核心关键技术之一，在现代尖端工业生产和科学研究中占有极其重要的地位，左右着各领域高、精、尖技术的发展。由于直线电机将电能直接转换为直线运动，取消了传统的从旋转电机到工作台之间的一切机械传动环节，实现了直接驱动，具有高速、高精、无间隙和快响应等优点，因此直线电机正在成为高档精密数控装备的重要功能部件，是高精数控装备发展趋势之一。

在精密机械微纳运动系统中，根据性能要求不同，采用不同性能的直线电机驱动源。常见的精密定位直线电机主要有电磁式电机、压电超声电机、压电步进电机等。不同的精密运动系统各有不同特点，传统的电磁式直线电机运动系统可以实现高速、大行程的精密运动控制；压电超声电机则具有较高的运动速度和纳米定位分辨率，但其高频摩擦损耗限制了它在长时间连续工作的精密场合的应用，它非常适合于非连续运动的高精度微纳定位伺服控制及直接驱动；压电步进电机具有最高的运动分辨率，但运动速度缓慢，不适合高速、大行程精密运动和定位场合。

5.2 电磁式直线电机微纳运动系统

5.2.1 电磁式直线电机结构、工作原理及控制策略

1. 电磁式直线电机结构及工作原理

电磁式直线电机的结构示意图如图 5-1 所示。其结构、工作原理和传统圆筒形电机类似,当传统圆筒形电机的定子、转子直径无限增大时,旋转电机的定子部分就变为直线电机的初级,转子部分变为直线电机的次级。即定、转子展开拉直,定子的封闭磁场变为初级的开放磁场,而在电机的三相绕组中通入三相对称正弦电流后,在初级和次级间产生气隙磁场,气隙磁场的分布情况与旋转电机的相似,沿展开的直线方向呈正弦分布。当三相电流随时间变化时,气隙磁场按定向相序沿直线移动,这个气隙磁场称为行波磁场。当次级的感应电流和气隙磁场相互作用时,便产生了电磁推力,如果初级是固定不动的,次级就能沿着行波磁场运动的方向做直线运动。

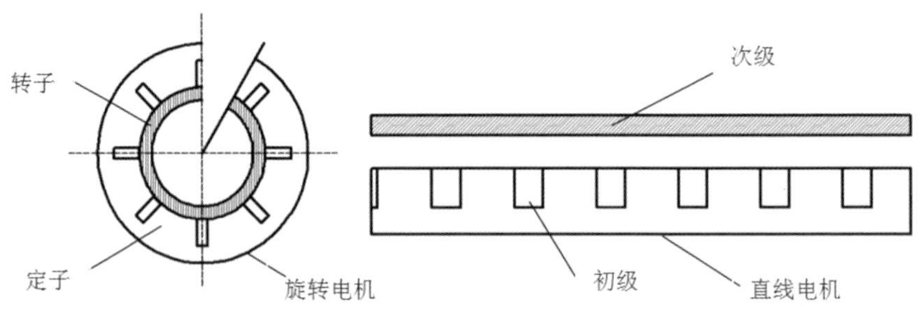

图 5-1 电磁式直线电机结构示意图

2. 电磁式直线电机控制策略

直线电机在结构与驱动方式上的改变,给直线电机伺服系统的控制提出了更高的要求。近年来,在这方面的大量研究成果基本上可分为两类:一是沿用和改进控制旋转电机的矢量控制、PID 控制等已有成熟的控制技术;二是结合现代控制方法研究适用于直线电机的控制理论和技术。为了满足不同应用场

合下的不同要求,目前的研究已呈现出多种控制策略和技术相互融合的趋势。目前,直线电机伺服系统中所采用的控制策略和现代旋转电机伺服系统控制策略基本类似,有增益自调度控制、模型参考自适应控制、自校正控制、变结构滑模控制、模糊控制、神经网络控制、直接牵引力控制、预见控制等策略,这里不再赘述。

5.2.2　电磁式直线电机特点及选用原则

1. 电磁式直线电机优点

传统的“旋转电机+滚珠丝杠副”直线伺服系统本身具有一系列不利因素,如机械间隙、摩擦、扭曲、螺距的周期性误差等;而直线电机伺服系统则没有任何中间传动环节,实现了“零传动”,因而具有诸多优点,具体如下。

(1)没有机械接触,传动力是在气隙中产生的,除了直线电机导轨以外没有任何其他的摩擦,因而近乎无摩擦磨损,噪声低,寿命长,维护简单。

(2)结构简单、紧凑,刚性好,动态响应快,系统可靠性高。

(3)运行的行程在理论上是不受任何限制的,而且其性能不会因为其行程大小的改变而受到影响。

(4)更高的加速度、更快的运行速度和更宽的变速范围。加速度可达(10～30)g,极端速度性能好,既有良好的低速性能,又有极高的高速性能。

(5)运动平稳。这是因为除了起支撑作用的直线导轨或气浮轴承外,没有其他机械连接或转换装置。

(6)微纳定位和运动控制精度高。由于取消了丝杠等机械传动机构,因此减少了传统系统中间隙与变形滞后所带来的跟踪误差。借助高精度直线位移传感器实现闭环控制,直线电机动态运行控制精度可以提高 10～100 倍,其定位精度为 0.1～0.01 μm。

2. 电磁式直线电机缺点

从表面看,电磁式直线电机运动单元可逐步取代“旋转电机+滚珠丝杠副”传统结构的伺服系统而成为驱动直线运动的主流。但事实是,直线电机因固有的结构形式，与旋转电机比，也存在一些无法克服的缺点，主要如下。

(1)直线电机的耗电量大，尤其在进行高荷载、高加速度的运动时，机床瞬间电流给车间的供电系统带来沉重负荷。

(2)直线电机的动态刚性极差，不能起缓冲阻尼作用，在高速运动时容易引起机床其他部分共振。

(3)发热量大，固定在工作台底部的直线电机动子是高发热部件，安装位置不利于自然散热，对机床的恒温控制造成很大挑战。

(4)不能自锁紧。为了保证操作安全，直线电机驱动的运动轴，尤其是垂直运动轴，必须额外配备锁紧机构，这增加了机床的复杂性。

(5)具有开断的初级结构，磁场不对称，从而导致端部效应。这种端部效应使得励磁电流存在畸变，产生推力波动。

3. 电磁式直线电机选用原则

直线电机有它独特的应用，是旋转电机所不能替代的。但是并不是任何场合使用直线电机都能取得良好效果。为此必须首先了解直线电机的选用原则，以便能恰到好处地应用它。其选用原则涉及以下几个方面的内容。

(1)选择合适的运动速度。

直线感应电机的运动速度与同步速度有关，而同步速度又正比于极距，因此极距的选择范围决定了运动速度的选择范围。极距太小会降低槽的利用率，降低品质因数，从而降低电动机的效率和功率因数。因此，极距不能太小(下限通常取 3 cm)。极距可以没有上限，但当电机的输出功率一定时，初级铁芯的纵向长度是有限的；同时为了减小纵向边缘效应，电动机的极数不能太少，故极距不可能太大。

(2)选择合适的推力。

旋转电机可以适应很大的推力范围，因为它可以配上不同的变速机构得到不同的转速和转矩。直线感应电机则不同，它无法用变速箱来改变速度和推力，因此它的推力无法扩大。要得到比较大的推力，只能加大电机尺寸，这有时是不经济的。一般来说，在工业应用中，直线感应电机适用于轻载推动。

(3)要有合适的往复运行频率。

在工业应用中,直线感应电机是往复运动的。较高的加工率要求直线微纳运动系统具有较高的往复运行频率。这意味着电机要在较短的时间内完成启动、加速、运行、制动、定位,以及换向等。往复运行频率越高,电机的加速度就越大,加速度所对应的推力也就越大,有时加速度所对应的推力甚至大于负载所需推力。推力的提高导致电机的尺寸和质量加大,而其质量加大又引起加速度所对应的推力进一步提高,这有时会产生恶性循环。

(4)要有合适的定位精度。

在许多应用场合,电机运行定位精度越高,采取的措施越多,成本越大,因此,不可一味追求高性能和高精度,而应在满足使用要求的前提下尽可能降低成本,达到既经济又性价比高。

5.2.3 电磁式直线电机微纳运动系统应用

1. 高档机床装备的精密运动工作台

图 5-2 所示是一维直线电机微纳伺服驱动系统工作台结构。把直线电机的初级和次级分别直接安装在机床的工作台与床身上,即可实现机床工作台的直接驱动进给。这种直线电机微纳驱动系统彻底克服了传统的滚珠丝杠传动方式存在的先天性缺点,具有速度高、加速度大、定位精度高、行程长度不受限制等优点,在数控机床高速高精进给系统领域逐渐发展为主导方向,使机床的传动结构出现了重大变化,并使机床性能有了新的飞跃。图 5-3 所示是二维直线电机微纳运动工作台。根据应用需求也可构建三维精密微纳运动平台。

目前国外一些大型机床厂商都在加大直线驱动技术的研发力度,如日本的森精机、大隈株式会社,德国的德玛吉,瑞士米克朗等,尤其是在高速、高精度等高档机床上的应用,产品涵盖车床、车铣复合、螺纹磨床及加工中心等,并取得了显著效果,在行业内引起广泛关注。

2. 电磁式直线电机微纳运动系统应用关键技术问题

电磁式直线电机微纳运动系统结构在机床上的应用,改变了机床进给系统

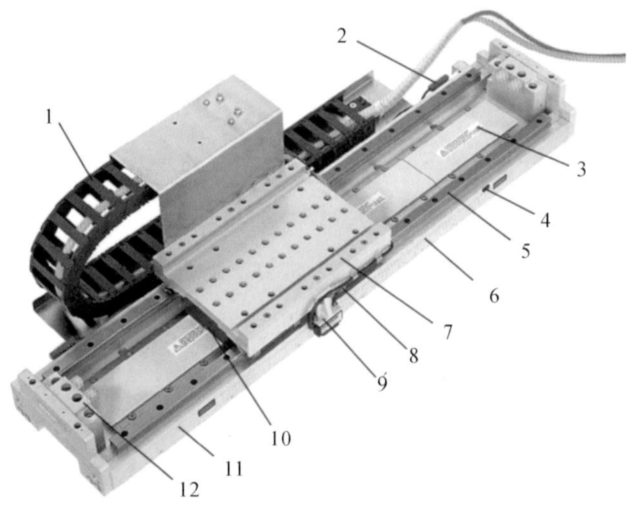

图 5-2　一维直线电机微纳伺服驱动系统工作台结构

1—链条;2—极限开关;3—定子;4—原点;5—滑轨;6—位置回馈装置;
7—动子座;8—滑块;9—读数头;10—动子;11—底座;12—挡块

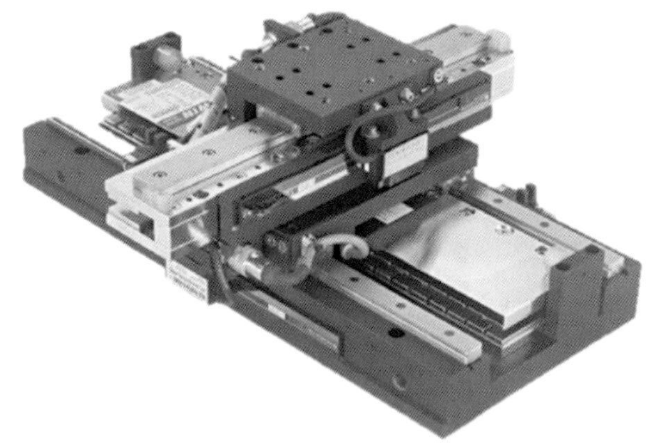

图 5-3　二维直线电机微纳运动工作台

的结构。但其存在的固有缺陷也严重影响了直线电机优良特性的发挥,在高档机床设计应用时必须对某些关键技术问题给予足够的重视、考虑。

1)发热问题

直线电机初级损耗导致发热,而直线电机绕组就安装在机床内部导轨附近，散热困难，必将引起机床导轨的较大热变形。为此，对于直线电机微纳运动工作台，必须进行良好的热平衡结构优化设计，必要时增加冷却系统。

2)法向磁吸力问题

直线电机初级、次级间会产生垂直于进给运动方向的法向磁吸力，而齿槽效应、端部效应、磁导谐波等影响引起的波动，又造成摩擦力的波动，进而造成机床工作台水平推力的波动，最终导致机床振动和加工精度降低。因此，对于直线电机微纳驱动系统设计，必须采取有效的减小法向力的措施。一种有效的办法就是采用双边对称型结构的双直线电机驱动系统设计，或将直线电机定子、动子、直线导轨副结合起来一体化组合设计，利用法向磁吸力来实现无接触磁悬浮导轨导向，变不利为有利，减少因法向力波动引起的机床振动，进一步提高机床的加工精度。

3)边端效应问题

直线电机的纵、横向边端效应会使直线电机产生推力波动，从而影响运动精度和平稳性。因此，要对直线电机进行有效的电磁场分析，优化直线电机结构参数设计，采取各种措施尽可能降低推力波动，如合理选取永磁铁的形状和排列方式，降低永磁励磁密度，初级采用无铁芯和多级结构，增加槽的数目，加大气隙等措施。

4)隔磁、防护与制动问题

由于永磁直线同步电机次级采用永磁体，会产生较大的磁场力，这种长直、敞开式的磁场结构布置在机床工作台附近(感应式直线电机运行时如此)，使得工件、切屑、工艺装备等磁性材料很容易被吸住，如果夹杂物被吸附到气隙表面，影响了气隙大小，就会引起推力波动，影响系统运动精度和稳定性。因此，必须采用有效的措施进行隔磁、防护，如在初、次级与连接板间布置尼龙等隔磁装置，减少磁场对床身及工作台的影响。同时，因直线电机较大的速度、加速度，以及断电初级、次级的无约束性，且垂直布局的直线电机驱动系统尤其存在较大的惯性冲击和安全隐患，故直线电机微纳运动系统设计时，必须考虑缓冲防撞和制动装置的设计，以免动子失控而发生危险。

5.3 压电超声电机微纳运动系统

5.3.1 压电超声电机概述

压电超声电机是 20 世纪 80 年代发展起来的一种新型电机。它与传统的电磁电机不同，没有磁极和绕组，也不依靠电磁相互作用来传递能量，而是利用压电陶瓷的逆压电效应和超声振动，将定子的微观变形通过共振放大和定转子间的摩擦耦合转换成转子（旋转型电机）或动子（直线型电机）的宏观运动。压电旋转超声电机基本结构如图 5-4 所示。

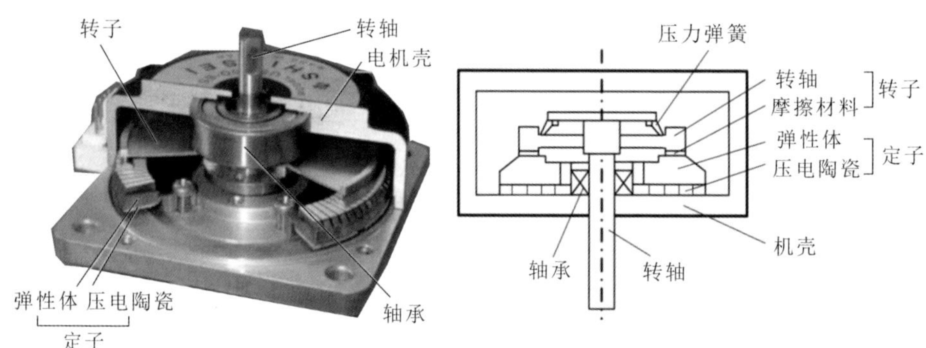

图 5-4 压电旋转超声电机的基本结构

压电超声电机按照驱动转子运动的机理可分为驻波型和行波型两种。驻波型利用与压电材料相连的弹性体内激发的驻波来推动转子运动，属间断驱动方式；行波型则是在弹性体内产生单向的行波，利用行波表面质点的振动来传递能量，属连续驱动方式。

由于压电超声电机的驱动机理不同于传统的电磁电机，因此它具有电磁电机所不具有的一些特点，主要如下。

（1）压电超声电机弹性振动体的振动速度和依靠摩擦传递能量的方式决定了它是一种低速电机，同时其能量密度是电磁电机的 5～10 倍，使得它不需要减速机构就能在低速时获得大转矩，可直接带动执行机构，提高了系统的控制精度和响应速度。

(2)电磁电机在外界强磁场的影响下不能正常工作,它所产生的磁场也会影响周围某些对磁敏感的设备的正常运行,而压电超声电机的构成不需要线圈与磁铁,本身不产生电磁波,因此外部磁场对其影响较小。

(3)压电超声电机断电时,定子与转子之间的静摩擦力使电机具有较大的静态保持力矩,从而实现自锁,省去了制动闸,简化了定位控制,其动态响应时间也较短。

(4)压电超声电机依靠定子的超声振动来驱动转子运动,超声振动的振幅一般在微米数量级,在直接反馈系统中,位置分辨率高,容易实现较高的定位控制精度。

(5)压电超声电机的振动体的机械振动是人耳听不到的超声振动,而且它不需要减速机构,因此也不存在减速机构的噪声,其运行非常安静。

(6)压电超声电机独特的驱动机理适应了多种多样结构形式设计的需要,比如同一种驱动原理的超声电机,为了应用于不同的安装环境,其外形可以根据需要改变。

5.3.2 压电超声电机控制

1. 压电超声电机伺服控制系统

压电超声电机伺服控制系统通常由控制器、驱动放大电路、超声电机、负载、编码器等组成。编码器反映超声电机的位置和速度信息,控制器根据编码器传递的信息,经过控制运算、控制驱动放大电路的两相输出电压 U_A、U_B 的幅值、频率和相位,实现电机速度或位置的伺服控制。

控制器是压电超声电机伺服控制系统的指挥中心,借鉴传统电磁电机控制器并结合压电超声电机的特点进行选取,主要有以下类别。

(1)以单片机作为控制器。以单片机作为压电超声电机控制器成本低,可以实现较复杂的控制算法。

(2)以通用计算机作为控制器。利用通用计算机的高速度、强大运算能力和方便的编程环境，可实现高性能、高精确度、复杂的控制算法。

(3)以 DSP 作为控制器。采用哈佛结构、独立的总线来访问程序和数据存储空间，配合片内硬件乘法器、指令的流水线操作和优化的指令集，不仅能满足复杂算法的要求，而且系统简单、实时性强。另外，基于现代 EDA(electronic design automation，电子设计自动化)技术，结合控制策略，将驱动电路等外围电路集成到压电超声电机控制器，利用 FPGA 和 CPLD 等可编程逻辑器件，使用专用的系统开发软件编程实现控制算法，然后将这些算法下载到相应的逻辑器件，开发体积小的压电超声电机专用控制器，以硬件的方式实现电机伺服控制。

(4)以专用控制芯片作为控制器。目前市面上还未见报道，但已有学者在这方面做了一些尝试。

2. 压电超声电机控制变量与控制策略

压电超声电机的控制变量有：电机两相输入电压幅值、频率、相位差。这三种控制变量中，保持其中两个变量不变，按照一定的方法和规律调节第三个变量，均可实现调速，但调试特性曲线各有特点。其中，调整电压幅值的调速方法因调速范围较小、低速时转矩小，一般不能作为单一的控制变量实现压电超声电机的调速。常用的控制策略方法有如下几种。

1)PID 控制

PID 控制作为一种简单而实用的控制方法，已有学者将其用于压电超声电机伺服控制。采用固定增益 PID 控制策略对压电超声电机速度控制进行研究，通过改变压电超声电机输入电压的频率，实现了压电超声电机速度控制。实验结果表明，电机在运行时间不长(温度上升不大)或负载转矩恒定时，速度控制精确度较高；但是当电机的温度或负载变化时，电机的速度控制效果明显变差。也就是说，对压电超声电机这种时变、强非线性系统，单纯采用 PID 控制，控制效果不佳。

2)现代控制策略

现代控制策略主要有自适应控制、鲁棒控制、滑模控制。

与 PID 控制相比，自适应控制因能够在线识别控制对象的参数，故其对压电超声电机这种时变系统的控制效果要比 PID 的控制效果好。但是在压电超声电机开始启动时，系统参数还没有辨识完，或者是给定的目标位置有很大的变化的时候，自适应控制的控制效果不佳。

将自适应控制与其他控制方法相结合，可以解决自适应控制的不足。例如，采用变结构的自校正控制方法，同时控制输入电压频率和相位差，取得了较高的定位精确度，甚至在参数识别没有完成的情况下，也具有很好的控制性能。

采用滑模控制策略，同时控制电机输入电压的相位差和频率，实现电机快速准确的定位控制，解决了当参数辨识没有完成时，采用自适应控制可能会出现电机启动失败或者较大超调的问题。但传统的滑模控制有一个突出的缺点，即滑模控制存在抖振，抖振问题成为滑模控制广泛应用的主要阻碍。

3)智能控制策略

将 PID 和模糊控制方法相结合，用模糊控制算法来补偿负载变化引起的死区宽度的变化，通过改变压电超声电机两相输入电压的相位差，实现了压电超声电机的精确定位控制。这种复合控制方法与单一的 PID 控制相比，控制效果好，动态特性好，可靠性高。但单纯的模糊控制精度较低，且需要较多的控制规则，需要大量的电机运行经验。

单纯的神经网络控制不能够补偿死区效应，且学习速度较慢。有学者将神经网络与小波技术相结合，利用可变在线学习速率的小波神经网络控制方法实现了压电超声电机的精确控制，克服了单纯采用神经网络学习速度较慢的缺陷。因此，一般将小波技术、神经网络、自适应控制、滑模控制等多种控制策略或技术相结合，采取智能复合控制方法来实现压电超声电机高精确度控制。

为了改善压电超声电机的性能，电机伺服控制应由单一控制变量向电压幅值、相位、频率多个控制变量相结合转变。控制目标应从单一的速度或位置控制，转变为在保证速度或位置控制精确度的前提条件下，尽量提高电机能量转换效率和延长电机寿命等，实现多变量、多目标控制。

5.3.3 压电超声直线电机微纳运动系统的特点、分类及应用

1. 压电超声直线电机微纳运动系统的特点

压电超声直线电机作为微纳运动系统的驱动源，和压电旋转超声电机一样，也是利用压电陶瓷的逆压电效应和弹性体的超声振动，通过定子、动子间的摩擦作用，将弹性体的微幅振动转化成动子的宏观直线运动。压电超声直线电机微纳运动系统具有以下优点。

(1)不需要转换装置，直接输出直线运动和推力。

(2)位移分辨率高，最高可达到纳米级的定位精度。

(3)结构简单、紧凑，设计灵活，易实现装置的小型化、轻量化。对于空间十分狭小或要求小型化、微型化的场合尤为适合。

(4)散热条件好。间歇性接触驱动方式及非封闭的接触界面环境，使得电机因摩擦产生的热量得到很好的散发。

(5)成本低。结构简单，加工和维护成本相对较低。

2. 压电超声直线电机微纳运动系统的分类

这里主要是指压电超声直线电机的分类。压电超声直线电机的工作原理和结构形式丰富多样，其分类方法也有多种，归纳如图 5-5 所示。

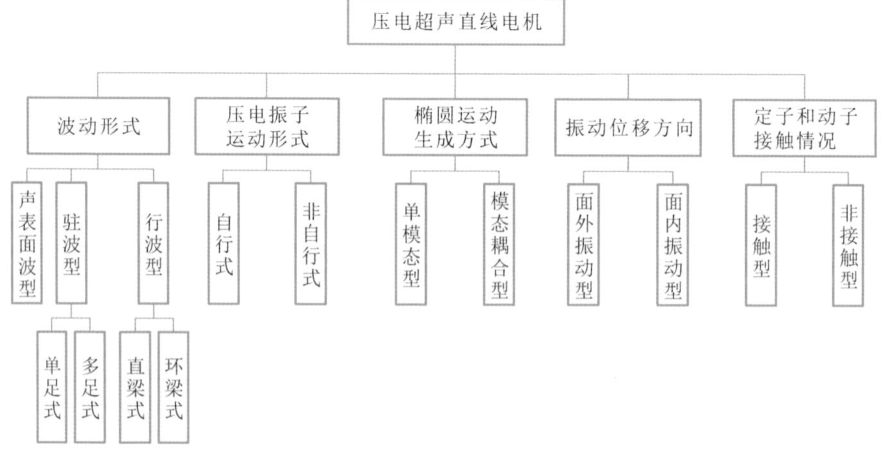

图 5-5 压电超声直线电机的分类

按照波动形式的不同，压电超声直线电机分为行波型、驻波型和声表面波型。其中，行波型压电超声直线电机按照定子外形不同又分为直梁式和环梁式；驻波型压电超声直线电机按定子上驱动足数量可分为单足式和多足式。

按照压电振子运动形式，压电超声直线电机可分为自行式（压电振子作为动子）和非自行式（压电振子作为定子）。

按照接触表面质点椭圆运动的生成方式，压电超声直线电机可以划分为单模态型和模态耦合型。

按照所利用的振动位移方向是垂直于定子平面还是在定子平面内，压电超声直线电机可分为面外振动和面内振动两种类型。

按照定子和动子的接触情况，压电超声直线电机可分为接触型和非接触型。

目前压电超声直线电机分类方法很多，各个分类方法之间并非互相孤立，而是相互补充以形成更细的分类方法。

3. 压电超声直线电机微纳运动系统的应用

压电超声直线电机的最大优势之一就是可以直接输出直线运动而不需要转换装置，且能够做到断电自锁。因此，目前压电超声直线电机主要用作精密定位平台，实现大行程、高精度、高分辨率的微纳运动和精准定位，在近代尖端工业生产和科学研究领域中占有极为重要的地位。

图5-6至图5-9所示为国际上研制的各种精密定位平台，用于不同场合。图5-6所示为美国北卡罗来纳大学研制的直线运动平台，它的驱动主要由两部分来完成，首先由直线伺服电机实现粗定位，然后由压电超声直线电机进行精确定位，定位误差可达50 nm以内。

图5-7所示为日本Kyocera公司生产的驻波型压电超声直线电机驱动的二维精密运动平台。该精密运动平台在化学分析、厚度测量和大规模集成电路制造方面得到了很好的应用。该产品有两个类型：超低速型和高速型。超低速型的最低速度可以达到10 nm/s，定位精度为10 nm，位置分辨率为1 nm或更高；高速型的运动速度为200 mm/s或更高，定位精度在±100 nm。超低速型

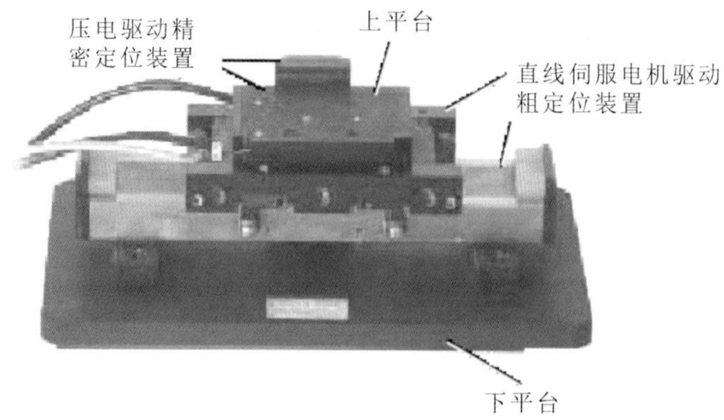

图 5-6　直线伺服电机与压电超声直线电机组合的直线运动平台

图 5-7　压电超声直线电机驱动的二维精密运动平台

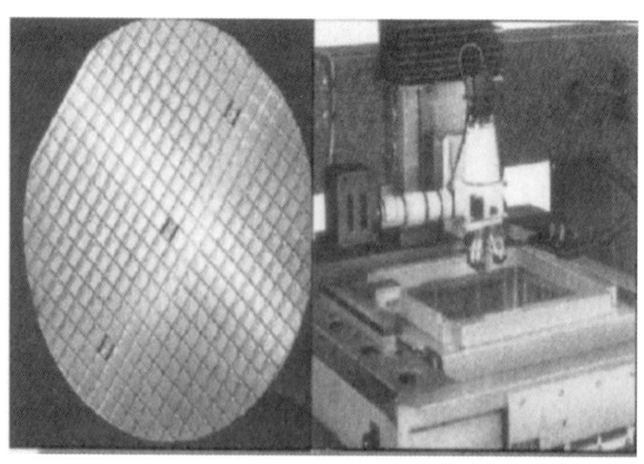

图 5-8　用于 IC 芯片制造的 PCLM 系列压电超声直线电机微纳驱动平台

图 5-9　LS 系列压电超声直线电机多自由度运动平台

可用于微纳机械加工、化学分析、厚度测量、高密度存储设备等，而高速型可用于电子束发射器、电子扫描显微镜、探伤设备等。

同样，如图 5-8 所示，美国英特尔公司将美国 ANORAD 公司生产的 PCLM 系列压电超声直线电机微纳驱动平台应用于 IC 芯片的生产中。图 5-9 所示为以色列 NANOMOTION 公司研制的 LS 系列压电超声直线电机多自由度运动平台。

5.3.4　压电超声直线电机精密运动平台亟待解决的关键技术问题

压电超声直线电机精密运动平台亟待解决的关键技术问题主要体现在如下几个方面。

1. 高硬度摩擦副的接触匹配问题

利用压电超声直线电机的速度快、位移分辨率高、直接驱动的特点，来研发亚微米甚至纳米级定位精度的大行程精密运动平台是压电超声直线电机一个重要发展方向。但是，压电超声直线电机是由摩擦驱动的，而摩擦会引起磨损，尤其是定子驱动足端部，长期的磨损可能会改变压电超声直线电机的接触面的表面形貌、接触压力等参数，从而改变电机的工作性能；另外，接触压力的积累可能导致电机变形，这些都是阻碍精密运动平台精度进一步提高的因素。因此，现在通常在驱动精密运动平台的直线超声电机定子驱动足及平台的配合面上粘贴高硬度的摩擦材料，如氧化锆、氧化铝陶瓷条/块。在实际工作状态下，对高硬度摩擦副压电超声直线电机的接触界面上的高频冲击行为的过程进行研究就显得非常必要，它直接关系到如何提高压电超声直线电机的工作效率、寿命及其稳定性、可靠性问题。而高频冲击/摩擦传动这种行为本身非常复杂，甚至可能已不适合用库伦摩擦定律来解释，另外，以往的理论研究由于缺乏必要的实验手段来验证，因此存在着很大的局限性。

2. 大推力驱动方法探索

由于压电超声直线电机的"零传动"驱动特点，动力源和工作台间不存在丝杠等机械传动的增力环节，也不存在降低惯性冲击力的缓冲环节，因此高端设备对驱动单元可以输出的驱动力大小、断电之后的自锁力大小及可靠性都提出了更高的要求。如何提高大行程精密运动平台的压电超声直线电机的推力、速度、可靠性及稳定性是目前亟待解决的问题。

3. 高位移分辨率的进一步提升问题

压电超声直线电机精密运动平台位移分辨率的大小决定了其所能达到的最高定位精度，是衡量运动平台定位精度/运动精度的一个重要指标，因此有必要对平台设计、驱动等影响位移分辨率的因素及其影响的大小进行深入的研究。

4. 大行程快速定位与精准定位的矛盾

大行程快速定位必然要求驱动单元具有快速性，这样就给信号采样处理环节带来较高要求，因为一般的数据采集系统都有信号采样带宽的限制。高精度光栅/编码器在高速运行情况下，其输出的信号频率成倍增加，二者在系统设计的时候就需要仔细地权衡、协调。同时，由于惯性的存在，高速运动会引起很大的冲击、振动和噪声，可能导致过冲、超调现象。压电超声直线电机精密运动平台要达到微纳尺度级定位精度，则必然要把速度降低，反复调整，这就延长了整个控制过程的时间。因此，大行程快速定位与精准定准是一对难以调和的矛盾，对系统的总体设计和协调控制提出了更高的要求。

5. 速度控制问题

虽然压电超声直线电机本身属于低速大力矩电机，但因为其直接驱动的精密运动平台需要很宽的速度调节范围，高速性能和低速性能要求都很高，而一般情况下压电超声直线电机的高速和低速阶段都不是其最佳工作范围，故靠调频调速的方法，其低速时功率往往急剧下降，这会严重影响大行程精密运动平台的低速负载性能。采用宏微结合的方式虽然可以部分解决这些问题，但会使得机械系统和控制系统都变得复杂，且实时性不佳。这需要在压电超声直线电机伺服驱动整个系统的设计、多模驱动方式的选择、系统控制等方面进行深入的研究。

除此之外，压电超声直线电机驱动的精密运动平台领域还有不少关键问题值得探讨。比如：压电陶瓷的温升、频漂、退极化、蠕变等时变非线性问题，会使得速度调节、位置跟踪与保持等变得困难；环境温度的波动引起精密运动平台的各构成组件膨胀变形不一致的问题；多自由度平台的各个自由度之间的相互干扰问题、误差叠加问题；等等。

第6章 宏微复合微纳运动实现技术

6.1 概述

微纳运动实现技术是实现现代高精度加工、定位、跟踪与检测的基础，是现代国防陆海空尖端武器、微电子、光学、生物、医学及遗传工程等领域尖端技术产品开发中不可缺少的关键手段。

当前许多尖端科技产品的零部件，如光学望远镜、视摄像系统、红外传感器等光学系统中的高精度非球面透镜等，都必须经过超精密车、磨、研、抛等精密加工和超精密加工，达到小于 10 nm 的加工精度要求；作为微电子器件衬底的超硬材料 SiC 单晶晶元的加工，其平坦度、翘曲度及表面粗糙度等均要求纳米级；卫星的姿态轴承为真空无润滑轴承，其孔和外圆的圆度及圆柱度也均为纳米级；等等。这些不同行业领域应用的精密零件突出特点都是在几毫米到几十毫米甚至几百毫米尺寸范围内要求纳米尺度级的高精度，从而给微纳运动系统提出了大行程、高精度的要求。为此，美国麻省理工学院的 Andre Sharon 于 1984 年首先提出了宏、微结合的概念，经过 30 多年的国内外学者研究，该概念取得了较好的研究结果，有效解决了大行程和高精度的矛盾，一定程度上能够满足当前高精加工领域的需求。

本章主要对宏微复合微纳运动系统的结构组成、工作原理和性能特点进行了总结介绍，分析了影响宏微系统运动精度的非线性因素和控制方法。

6.2 宏微复合微纳运动系统

6.2.1 宏微复合微纳运动系统结构组成及工作原理

图 6-1 所示给出了一种单自由度宏微复合大行程高精度微纳运动系统结构示意图，需要注意的是，实际使用时整个系统都要安装在隔振平台上。该系统主要由宏动系统和微动系统组成。宏动系统由常规的“伺服电机＋滚珠丝杠副”结构组成。电机通过滚珠丝杠副传动带动宏动工作台完成大行程位移，完成宏动工作台的大行程范围内的微米级粗定位。宏动工作台位移由光栅尺进行测量反馈，实现位置测量全闭环控制。微动系统一般由微动致动器驱动微动工作台，通过控制器比较宏驱动部分的位移输出与预设的理论值之间的误差，将该误差分配给微动系统以补偿宏动部分的位移，完成工作台的精确定位。高精度电容传感器用作微动平台的定位误差检测反馈装置，实现微纳级定位的局部闭环控制。微动部分的精度决定了整个系统的运动精度，从而在保证大范围运动行程的前提下减小了整个系统的位移误差。

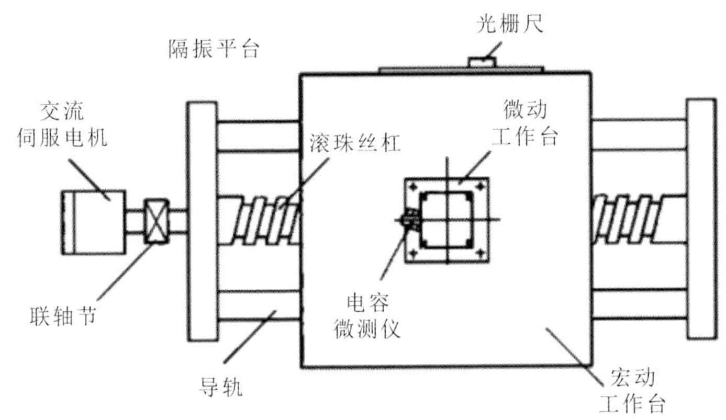

图 6-1　宏微复合大行程高精度微纳运动系统结构示意图

一般而言，由于宏动系统和微动系统的驱动机理不同，其位移分辨率差距较大，因此通常利用各自的控制算法采用宏微协同控制器分别完成各自的运动控制，实现宏动工作台的粗定位和微动工作台的精定位。

综上所述，宏微双驱动系统既能够满足大行程的要求，也能够实现高精度的定位和跟踪功能。宏微复合微纳运动系统对促进 IC 制造技术、精密光学工程、生物工程和精密机械工程的发展具有重大而深远的意义。

6.2.2 宏微复合微纳运动系统特点

1. 宏动系统

(1)在构成宏动系统的各种方法中，交流伺服电机＋滚珠丝杠副与直接驱动的直线电机工作台是综合性能最好的两种典型结构。通常它们的动力源都属于最常用的电磁式，且系统一般都选用滚动导轨作导向和支撑部件。这两种典型的结构各有不同的性能特点，实际应用时根据不同需求场合选择。

(2)宏动系统主要实现宏动工作台的大行程范围的运动，行程可达十到几十毫米甚至几百毫米，定位精度一般在微米级或亚微米级。由于具有传动环节，因此宏动系统存在较大摩擦、间隙、传动误差，容易产生死区，定位精度低。宏动系统主要完成工作台的粗定位。

2. 微动系统

(1)微动系统的组成方式很多，主要区别在于微动系统采用的致动器工作机理不同，一般是借助功能材料的物理属性(如压电效应、磁致伸缩效应、热力效应、记忆效应等)来实现微动工作台的驱动，微动系统的驱动部件最常用的是压电陶瓷致动器。

(2)微动系统主要实现对宏动大行程误差的补偿。微动工作台的行程极小，一般只有几十微米到几百微米，定位精度高，一般在纳米级，在宏微复合微纳运动系统中完成工作台的精确定位。

3. 定位系统的反馈检测装置与运动控制系统

(1)宏微复合微纳运动系统由宏动系统和微动系统构成，其宏微两级定位方式决定了定位系统中存在宏微两种运动。这两种运动在行程、精度、驱动和传动元件上存在巨大差异，因此对宏微运动各自的定位系统位移检测一般采用不同精度等级的传感器。例如，微动系统中对微动工作台位移的检测一般采用高响应、高精度的电感测微仪、电容测微仪等，而对宏运动的检测一般采用光栅、激光干涉仪等。

(2)宏动系统、微动系统一般都有各自的局部闭环控制，有各自不同的宏动控制器和微动控制器，二者通过宏微协同控制器控制最终实现宏微复合微纳运动系统的全闭环控制，达到大行程范围内的纳米级定位精度。

4. 宏微定位系统的集成

宏动系统驱动宏动工作台实现粗定位，微动系统驱动微动工作台实现精定位。微动工作台刚性固联在宏动工作台上，最终系统通过宏微复合驱动，实现工作台大行程范围的纳米精度级定位。

6.2.3 微纳运动系统设计要求

依据宏微复合微纳运动叠加原理可知，工作台的运动是宏动和微动的叠加。微动平台既是宏动平台的输出对象，又是微动致动器的承载体和末端输出环节，它的输出精度决定了整个系统的输出精度。因此，微纳运动系统的设计，不仅要满足宏动工作台全行程误差的补偿要求，而且要达到刚度和固有频率的要求。其主要的性能设计要求如下。

(1)微动系统的有限行程和动态响应能够满足补偿宏动平台运动误差大小的要求。

(2)微动工作台的刚度应远远小于微动致动器的刚度，保证驱动的有效性。

(3)微动工作台的固有频率应远远大于微动致动器的响应频率，保证整个系统能够实时输出补偿位移。

(4)微动工作台应具有较高的几何精度、高稳定性。

(5)微动平台的传动导向机构应保证无机械摩擦、无间隙，具有较高的位移分辨率、定位精度和重复精度，易于控制。

(6)微动致动器、传动导向机构和微动工作台应采取一体化设计，共同构成微纳运动系统。

弹性铰链作为一种新型传动机构，具有无机械摩擦、无黏滞、无间隙、运动灵敏度高、响应快速、负载能力强、抗冲击性能好、加工简单方便等特点，特别适合用作精密定位领域的传动机构。对称布置的弹性铰链可以作为导向机构使用，具有结构紧凑、无部件摩擦、运动精度高、无须润滑、体积小等特点，只要弹性铰链加工精度能够在一定的设计允差范围内，就能保证足够高的传动精确度和稳定度。也正是基于这些优点，弹性铰链作为微动系统导向和传动放大机构，近年来被广泛用于精密机械、精密测量、调整机构、纳米技术等方面。

对于二维微动平台，弹性铰链作为微驱动平台的基本组成部分，可以采用串联的双平行四杆机构的组合方式，即 X 方向的运动模块内置于 Y 方向的运动模块中，分别用嵌套在平台上的两个压电陶瓷驱动器驱动，两个方向均是双平行四杆对称结构，以保证每个模块在驱动器的作用下产生一个方向的平动，克服了单一平行柔性铰链结构产生交叉耦合位移的缺点，从而实现了二维运动，可以避免装配造成的间隙误差，且输出精度高，稳定性较好，定位精度较高，结构也紧凑。

总之，弹性铰链是微纳运动系统致动器的载体和致动位移量的放大器，是微动平台传动的重要构件。因此，根据实际应用要求，应对其材料选择和结构设计、计算及动静态性能分析等予以足够重视并尽量做到最优，其中动静态性能分析包括对刚度、应力、工作频率、位移特性等的分析，详见国内外有关研究成果报道。

6.3 宏微复合微纳运动系统的非线性影响及控制

宏微复合微纳运动系统非线性影响因素主要涉及宏动系统的摩擦、传动间隙、机械谐振，以及迟滞等几个方面。

6.3.1 摩擦对微纳运动系统的影响及其补偿

1. 摩擦的非线性影响

摩擦是一种复杂的、非线性的、具有不确定性的自然现象。在高精度、超低速的宏微复合微纳运动系统中，非线性摩擦环节主要存在于宏动系统。非线性摩擦的存在使得系统的动态及静态性能受到很大影响，主要表现为低速时出现爬行现象，稳态时产生较大的静差或出现极限环振荡。为了减轻摩擦环节带来的不良影响，行之有效的措施有：

(1)改变机械伺服系统的结构设计，减少传动环节；

(2)进行良好的润滑，减小动摩擦和静摩擦之间的差值；

(3)进行摩擦辨识，采取有效的摩擦补偿方法。

摩擦对位置定位系统和位置跟踪系统性能的影响有所不同。使用位置定位系统的目的是使位置的稳态误差趋于零，例如天文望远镜系统、天线系统等。位置跟踪系统的控制目的是使输出位置跟踪输入位置，如三轴转台系统。

对于位置定位系统，零速时存在的静摩擦将使系统响应表现出死区特性，通常情况下，采用积分控制可以消除静差。但对于含有摩擦环节的伺服系统，由于从静止到运动的过程中，摩擦的变化是不连续的且具有负斜率特性，因此引入积分控制后，系统响应将出现极限环振荡现象。对于位置跟踪系统，摩擦环节对系统的不良影响主要表现在如下两个方面。

(1)低速爬行现象。当系统希望获得低于某一临界速度的低速运动时，在由静止到运动的转变过程中，摩擦的变化呈现出负斜率特性，系统就会出现静→动→静→动的跳跃运动现象，即爬行现象。爬行现象一般发生在低速情况下。图 6-2 所示是采用比例控制的伺服系统在跟踪斜坡信号时的响应，即低速爬行曲线。

(2)速度过零时，出现波形畸变。在零速时，存在静摩擦，且其变化是多值、不连续的，导致系统在速度过零时的运动不平稳。图 6-3 中的虚线为正弦信号，实线是伺服系统在跟踪该正弦信号时的输出响应，可以看出，在速度过零时，波形发生扭曲，并出现“平顶”现象。

2. 摩擦非线性环节的控制补偿

1)基于摩擦模型的补偿方法

基于摩擦模型的补偿方法的实质是前馈补偿，即首先对系统中的摩擦环节建立数学模型，由此模型和系统的状态变量信息对摩擦力(矩)的值进行估计，然后在控制力(矩)中加上摩擦力(矩)的估计值，从而消除摩擦环节对系统的影响。

基于摩擦模型的补偿一般分为固定模型补偿和自适应补偿。对于前者，摩擦模型的参数是通过离线辨识来获得的，在控制过程中保持不变；对于后者，摩擦模型的参数是通过线迭代估计来确定的，在控制过程中是可变的。目前，常见的几种摩擦模型补偿方法有下面几类。

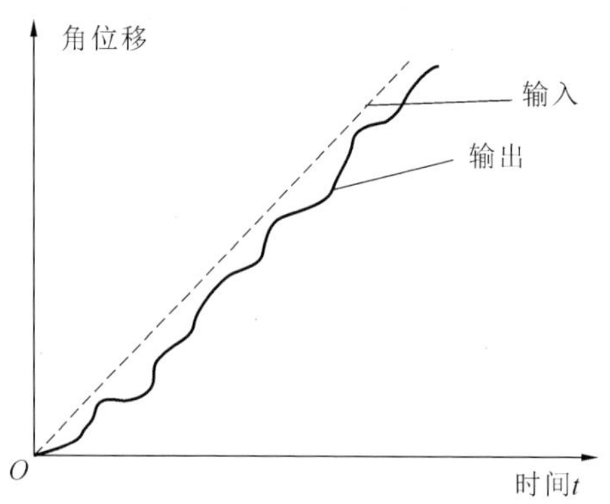

图 6-2　低速爬行曲线

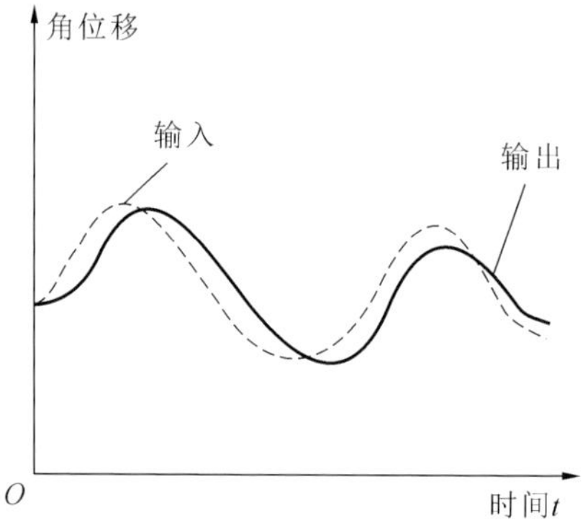

图 6-3　正弦响应变形曲线

(1)基于库仑摩擦模型的补偿方法。

采用库仑摩擦模型进行补偿的优点在于模型简单，易于实现，但由于该摩擦模型是静态摩擦模型，无法描述零速时摩擦的非线性特性，因此其控制效果受到限制。

(2)基于静摩擦＋库仑摩擦模型的补偿方法。

基于静摩擦＋库仑摩擦模型的补偿方法中，由于在摩擦模型中加入静摩擦项，可以预测速度过零时出现的多值非线性，因此同基于库仑摩擦模型的补偿方法相比，它能更好地改善系统在零速附近的动态响应。其缺点是对速度信号的品质要求很高。

(3)基于指数摩擦模型的补偿方法。

指数摩擦模型虽然是静态摩擦模型，但它在描述摩擦现象时，考虑了

Stribeck 效应（即 Stribeck 曲线的前段具有负斜率），这使得在超低速段（Stribeck 段），指数摩擦模型对摩擦现象的描述更为精确，因此基于指数摩擦模型的摩擦补偿控制对提高系统的超低速性能和抑制稳态极限环振荡有明显的效果。但指数摩擦模型的参数空间是非线性的，使得参数的在线辨识较为困难，这也是基于指数摩擦模型的自适应补偿的难点所在。

(4)基于 Karnopp 摩擦模型的补偿方法。

采用基于 Karnopp 摩擦模型的补偿方法的突出优点在于其对速度信号的测量精度要求不高，且能较好地改善系统在零速时的动态响应。

(5)基于 LuGre 摩擦模型的补偿方法。

LuGre 摩擦模型是一个较为完善的动态摩擦模型，它能精确地描述摩擦的各种动态和静态特性。目前，基于 LuGre 摩擦模型的补偿控制已成为理论和应用研究的一个热点。该方法的优点在于对摩擦环节的动态特性的补偿效果好，其难点是参数辨识困难。

由于基于不同摩擦模型的补偿方法各有其优缺点，因此为了取长补短，在各自模型基础上，国际上通过进一步的研究，相继提出了诸多派生补偿方法来改善补偿性能，以提高微纳运动控制性能。

2)不依赖于摩擦模型的传统补偿方法

不依赖于摩擦模型的传统补偿方法具有悠久的历史，方法种类繁多，主要思想是将摩擦视为外干扰，通过改变控制结构或控制参数来提高系统抑制干扰的能力，从而改善摩擦对微纳运动性能的影响。主要方法如下。

(1)PID 控制方法。

高增益 PID 控制器是人们最早使用的抑制摩擦非线性的控制器。PID 控制中的微分项能增大系统阻尼，基于摩擦记忆特性，采用 PID 控制可以在一定程度上改善低速跟踪性能，抑制爬行现象。

(2)信号抖动方法。

通过在指令上叠加抖动信号，可以对摩擦产生补偿作用。抖动信号具有较高频率，加入系统后，能够在一定程度上平滑摩擦在低速时的不连续性。对于微纳运动液压伺服系统，抖动信号的应用较为成功。

(3)脉冲控制方法。

脉冲信号是具有大幅值、短周期的信号，在控制力矩中施加脉冲信号可以产生微小的位移，从而摆脱静摩擦的束缚。该方法直观、简单，但控制效果一般。脉冲控制与抖动信号控制不同，脉冲序列直接驱动执行元件运动到给定位置，而抖动信号是一种叠加在输入信号上的高频信号。

(4)力矩反馈法。

力矩反馈控制是一种基于力矩传感器的控制技术，通过在连接轴上安装力矩传感器对输出净力矩进行测量，形成力矩反馈回路来稳定净力矩。传感器安装在负载端，这样就能将摩擦环节包含在力矩闭环内，如果力矩闭环有足够的带宽，就能很好地抑制摩擦力矩和其他干扰力矩的影响。虽然这种方法具有不依赖于模型、控制效果好的优点，但由于传感器价格高，安装困难，且安装后增加了系统柔性，因此其应用并不广泛。

(5)基于干扰观测器的鲁棒控制。

基于干扰观测器的摩擦补偿是目前理论研究的一个热点。干扰观测器的设计方法属于鲁棒控制的范畴，其原理是通过建立控制对象的名义模型，由实际对象和名义模型之间的输出误差，得到包括摩擦在内的各种干扰力矩的等效力矩，然后对其进行补偿。该方法是一种线性补偿方法，它对摩擦非线性的补偿程度取决于滤波器的带宽，而该带宽的提高又受到实际系统中机械谐振等因素的限制，这也正是采用该补偿方法所存在的问题。

(6)变结构摩擦补偿。

变结构控制是一种非线性控制，将变结构控制应用于伺服系统中的研究很多。在稳态摩擦补偿问题上，变结构控制的应用非常成功。

迄今为止，有关传统补偿方法的研究仍是摩擦补偿领域的主流，其优点是控制算法相对简单、实时性好。

基于摩擦模型的补偿方法的不足之处在于摩擦模型的选择、模型参数的确定过程较为烦琐。同时，由于摩擦力矩是速度的函数，因此控制效果依赖于速度信号的品质。

不基于摩擦模型的传统补偿方法虽然原理简单,但对零速时摩擦非线性的补偿能力有限,提高补偿能力涉及伺服系统中的其他问题,如机械谐振、参数时变等。

鉴于这些问题,许多学者开始尝试用智能控制来实现摩擦补偿。目前,基于智能控制的摩擦补偿研究已成为解决摩擦问题的一个研究方向。

3)基于智能控制的摩擦补偿

同传统的控制方法相比,智能控制方法不需要对象的数学模型。基于智能控制的摩擦补偿主要有:重复控制、学习控制、模糊控制,以及神经网络控制等方法。智能控制方法为解决伺服系统中的摩擦问题开辟了新的途径,但各种基于智能控制的摩擦补偿方法各有其优缺点。如:神经网络的训练时间较长、算法实时性差、系统的暂态响应难以保证;模糊控制方法模糊规则的获取难度大、控制结果不理想;等等。

综上所述,摩擦环节对机械伺服系统所造成的不良影响,已经成为伺服系统性能提高的瓶颈。随着科技的发展,对伺服系统的定位精度、跟踪精度的要求越来越高,这使得摩擦补偿已成为高精度伺服控制系统设计中的关键技术。虽然有关摩擦建模、摩擦补偿的研究已经引起控制界的广泛关注,并取得了一些成果,但对这一问题的解决程度还远不能令人满意。

目前,这一领域的几个重点发展研究方向有:

(1)摩擦特性、新摩擦模型的数学描述等摩擦问题的共性关键技术研究,如对 LuGre 摩擦模型的进一步研究,包括模型的完善、模型参数的辨识和补偿方法的控制;

(2)考虑摩擦非线性特性和机械柔性情况下的摩擦特性,将传统补偿方法同智能补偿方法相结合,进一步研究复合摩擦补偿方法;

(3)高性能摩擦干扰观测器设计,以及基于滑动模态的摩擦补偿方法的进一步研究。

6.3.2 传动间隙对微纳运动系统的影响及其补偿

1. 传动间隙对微纳运动系统的影响

宏微复合微纳运动系统的宏动部分，由于存在诸如滚珠丝杠螺母副等传动环节，因此不可避免地存在传动间隙，而且在传动过程中因变形及摩擦磨损的存在，间隙在不断变化。间隙非线性不仅会增大系统的静差，而且会使系统在单位阶跃信号作用下过渡过程时间加长，振荡次数增多，甚至产生不衰减的自振荡，出现所谓的极限环。这将使系统无法稳定在一个固定的位置而不停地振荡，很难实现对目标的精确跟踪。目前，消除传动间隙不利影响的方式除了提高传动部件的制造、安装精度，以及施加预紧力或合理设计结构等机械消隙方法外，还可以对传动间隙进行软件补偿。国内外研究人员在传动间隙补偿方法上进行了大量的研究。

2. 间隙的补偿算法

1)直接补偿算法

本方法通过检测传动间隙前后的实际位置来实时计算间隙大小，进而实现对间隙的直接补偿。直接补偿算法实际上就是用理想的不含间隙的负载轴位置作为主反馈信号。这是因为直接补偿算法实质上是通过补偿将间隙特性转移到闭环之外，故传动间隙就成了系统误差。鉴于传动间隙可以实时检测，为减少系统误差，在直接补偿的基础上可以进行精度补偿，即将瞬时得到的间隙值补偿到控制量中以进一步减小静差，提高定位精度。

2)神经网络非线性补偿算法

直接补偿算法只能应用于输出可测系统。对于某些伺服系统，例如坦克跟踪伺服系统，系统输出不直接可得。此时，直接补偿算法就无能为力了。为此，有学者采用 BP 神经网络模型首先对间隙特性进行离线辨识，然后利用辨识的结果设计补偿器进行间隙非线性补偿。

3)换向补偿算法

一般来说，间隙是在系统负载轴换向时出现的，故考虑在负载轴换向时进行适当常值补偿。这里的换向补偿，不同于常规数控系统中的换向补偿，常规数控系统中的换向补偿是指给定信号的换向是已知的，要求进给系统无超调才能正确补偿，而伺服系统中的给定信号是随机的，且控制过程因可能存在的超调而不易补偿。为此，应利用检测到的间隙前状态和位置来预测负载轴是否要换向，从而决定是否补偿和如何补偿。该方法不但能消除极限环，而且相比之下简单易行，效果最好。

6.3.3 机械谐振对微纳运动系统的影响及其补偿

1. 机械谐振的产生、危害及其抑制

对于宏微复合微纳运动系统，其传动机构的弹性，使得系统都具有一定频率的谐振点。当系统带宽覆盖该谐振频率时，系统就会发生机械谐振现象。机械谐振会影响系统控制性能及精度，甚至导致系统失稳，严重的情况下还会对机械传动装置产生损害，比如磨损、断轴等。而实际系统中的传动间隙的存在也会加剧谐振，带来其他冲击等更为严重的损害。谐振存在于宏动、微动系统中，且各自谐振点不同。

具有弹性连接的伺服系统动力学模型一般可以简化为如图 6-4 所示通用的双惯量模型。其中 K 和 C_W 是传动轴的弹性系数与阻尼系数，当传动轴发生扭转形变时会产生扭矩 T_W，称为轴矩；J_m、C_m、T_m、θ_m 分别为电机的转动惯量、阻尼系数、电磁转矩和旋转角度；J_l、C_l、T_l、θ_l 分别为负载的转动惯量、阻尼系数、电磁转矩和旋转角度。

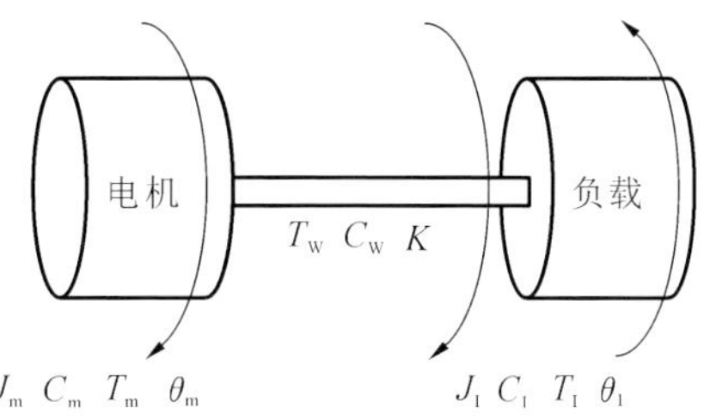

图 6-4 双惯量机电耦合传动模型

一般可以从机械设计和控制设计两个方面来抑制伺服系统的谐振。

从机械设计角度抑制机械谐振主要指对图 6-4 所示的双惯量机电耦合传动模型进行模态分析，优化机械结构设计，改进加工和装配工艺等，以减小传动间隙、提高传动刚度，从而提高谐振频率，使其不与系统带宽发生重叠。

从控制设计角度抑制机械谐振，又可以分为被动抑制与主动抑制两个方面。被动抑制是通过降低控制增益以减小系统带宽，或使用陷波器、滤波器滤去谐振频率成分等方法，达到避免谐振的目的。这些策略均是在不同程度上以牺牲系统的性能为代价的，而且存在系统适应性差等缺点。主动抑制是通过改造系统控制结构、使用智能控制算法、构造观测器等方法抑制间隙和弹性的负面影响，避免发生谐振。

2. 抑制机械谐振的方法

目前，国内外应用较广或研究较多的谐振抑制方法主要有：陷波器滤波法、角加速度反馈法、多回路状态反馈法、应用轴矩观测器法、应用扰动观测器法等。

1）陷波器滤波法

目前大多数商用伺服系统均采用陷波器来抑制机械谐振，如日本的安川、松下公司与德国西门子公司所生产的伺服驱动产品。从频域分析角度看，机械谐振的根本原因在于系统的幅频特性在某一频率处有较大的幅值，而陷波器能大大降低系统在指定频率处的幅值而不影响其他频率处的特性，这种方法简单、有效。如图 6-5 所示，一般将陷波器放在速度控制器之后，对电流指令信号进行滤波处理。使用陷波器的优势在于简单、成本低廉，但需要事先精确地知道系统谐振频率，因此其一般与扫频技术结合使用，需要在系统初始化阶段扫描系统频率特性，根据得到的谐振频率值配置陷波器参数。但是，由于陷波器存在一定的相角滞后，因此系统中陷波器的数量不能过多。如果系统受干扰或参数变化导致谐振频率发生变化，则陷波器的抑制作用将失效，反而会对系统造成不利的影响，而且陷波器对于抑制间隙这种非线性因素所造成的机械谐振效果较差。

2）角加速度反馈法

角加速度反馈能够抑制系统谐振的机理是：引入角加速度反馈以主动提高系统的阻尼、增加电机的等效转动惯量，从而有效增加系统带宽，达到有效抑制谐振的效果。目前，角加速度反馈已经广泛应用于机器人动力学解耦和关节控

图 6-5　采用陷波器滤波的双惯量系统控制框图

制等场合和谐波驱动机构等装置，在抑制扰动、提高跟踪性能方面获得良好的效果。

3)应用轴矩观测器法

应用轴矩观测器法是一种基于对轴矩的辨识值来对电机的电磁转矩进行补偿的方法。

4)应用扰动观测器法

应用扰动观测器来抑制机械谐振的机理是：将间隙等非线性因素视作系统受到的扰动，通过对扰动进行观测和补偿来抑制间隙的影响。其优点是整定参数与原系统参数无关。应用扰动观测器是一种有效的策略，目前学术界关于应用扰动观测器抑制伺服系统机械谐振的研究较多。

6.3.4　迟滞现象对微纳运动系统的影响及其补偿

1. 迟滞现象

迟滞现象是指系统的状态不仅与当前系统的输入有关，更会因其过去输入过程之路径不同而有不同的结果。迟滞现象反映了一种输入-输出关系呈多重分支的非线性，且分支的切换发生在输入达到极值的时刻。迟滞现象广泛地存在于压电材料、机械间隙系统、光学部件、电子束等的使用过程中。由于这种现象十分普遍，而且涉及多个学科，因此它受到了许多研究者的关注。

压电驱动器是智能结构中目前最理想的驱动元件之一，因此基于压电驱动机理的微动系统是目前应用最为广泛的微纳运动系统。但压电材料所固有的迟滞、蠕变等非线性特征直接影响了微纳米级驱动系统的性能，降低了系统定位精度，甚至会导致系统不稳定。

蠕变特性是指当压电驱动器上施加的电压不再变化时，其输出位移依然随时间变化，并要在一定时间之后才能达到稳定值。迟滞是一个复杂的非线性过程，表现为压电驱动器升压曲线与降压曲线不重合，存在位移差，通常会形成一个迟滞环。在微纳米级精密定位系统中，迟滞非线性对定位精度的影响最大，开环控制情况下由此造成的跟踪误差最大可达15%，因而迟滞问题成为亟待解决的首要问题。

2. 补偿策略

1)前馈控制补偿

迟滞非线性带来的误差可以通过反馈控制和前馈控制实现补偿，但对于微纳运动系统而言，反馈控制时常受到传感器布置空间的限制。前馈控制补偿是另一种有效实现迟滞非线性补偿的方法。前馈控制补偿的基本思想是设法预测压电陶瓷驱动器的迟滞非线性行为，然后为理想的输入信号加入一个前置滤波器。

针对压电陶瓷驱动器的迟滞补偿，就是在压电驱动系统中串联一个前馈补偿器，实现对迟滞非线性的补偿。具体实施步骤是：首先依据迟滞非线性特性构建补偿模型，其次进行迟滞模型参数辨识，最后基于逆迟滞模型进行补偿器的设计。

2)非线性自适应逆控制器补偿

压电陶瓷驱动器迟滞非线性自适应逆控制的基本思路是，在受控压电陶瓷驱动器之前串入一个非线性的自适应逆控制器，而该非线性自适应逆控制器的动态特性与压电陶瓷驱动器的动态特性呈现出逆关系。因此，当非线性自适应逆控制器与压电陶瓷驱动器串联在一起时，压电陶瓷驱动器的迟滞非线性将被该非线性自适应逆控制器消除。图6-6展示了压电陶瓷驱动器非线性自适应逆控制原理框图。

这种非线性自适应逆控制器的一个独特优势是，即使在不知道被控压电陶瓷驱动器迟滞非线性动力学行为的情况下，依然能够完成其非线性自适应补偿。采用非线性自适应逆控制器后，压电陶瓷驱动器不仅能够对不同频率正弦信号，而且能够对方波信号及非周期性的随机信号进行准确跟踪。

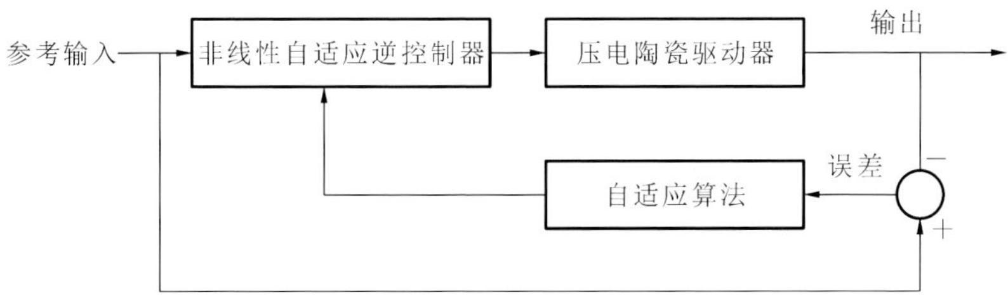

图 6-6 压电陶瓷驱动器非线性自适应逆控制原理框图

3)其他补偿控制策略

对宏微复合微纳运动系统进行非线性补偿,还可采用其他复合控制或智能控制补偿方法。图 6-7 给出了一种与反馈相结合的带前馈环的 PID 控制器结构框图。在前馈环中对压电陶瓷迟滞非线性进行建模,并进行线性化处理,该方法显著提高了压电陶瓷驱动器的动态频响。

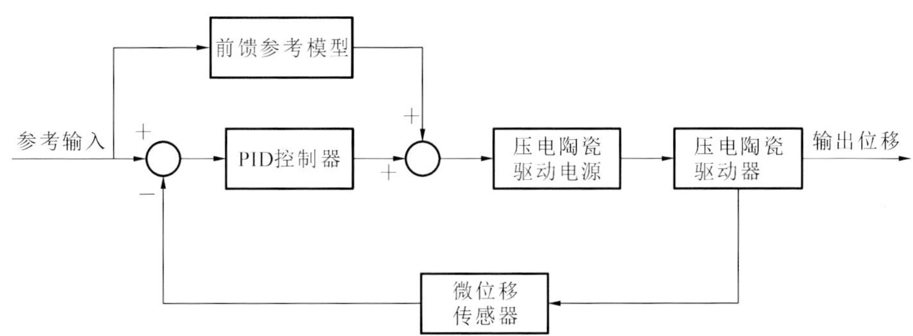

图 6-7 带前馈环的 PID 控制器结构框图

总之,考虑宏微复合微纳运动系统的非线性因素特点,采用相关的补偿策略,可有效提高其微纳定位精度,使得宏微复合微纳运动系统在较大行程范围内达到纳米级定位精度和位移跟踪控制。

6.4 宏微复合微纳运动系统应用

图 6-8 所示是基于差动离焦原理的检测光学测头的测量原理图。根据其

测量原理,在测量被测物表面时,放置被测物的宏动平台以恒定的速度运动,被测物表面形貌的微观起伏变化使光电探测器产生误差聚焦信号,这一信号经过运算和补偿后用于控制微动平台,调整调焦物镜相应的上下微动,保持调焦物镜的光聚点始终聚焦于被测物表面。调焦物镜的连续位移变化反映了被测物表面高度的变化情况,即表面形貌信息。通过微动平台上的位移传感器测得调焦物镜的位移,即可得到被测物的表面形貌信息。

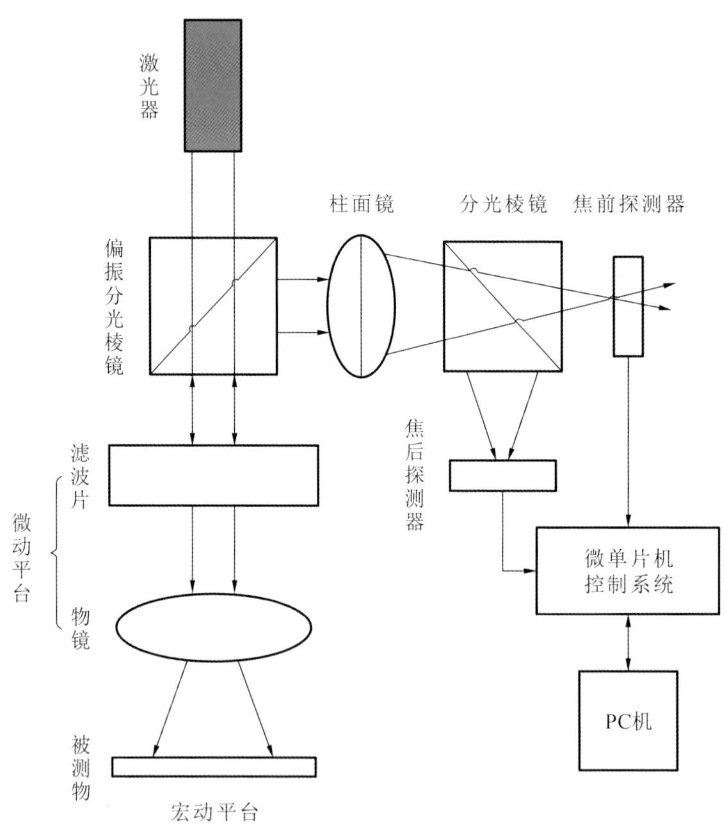

图 6-8　检测光学测头测量原理图

为此设计的纳米级调焦微动系统和微纳米级宏动系统,可以使基于差动离焦原理的微纳米检测光学测头发挥最佳性能。调焦微动系统使用压电陶瓷位移执行器,通过电压控制可以具有 40 μm 的最大调节行程,分辨率可以达到纳米级,可以有效地完成校准和测量任务;基于直线电机的二维宏动气浮平台可以达到 400 mm×400 mm 的行程范围，同时最小分辨率可达 0.05 μm，完全满足系统对检测精度的要求。

该平台也可用于微传感器、光学镜头，以及芯片技术、微机电系统等领域中其他各种接触和非接触式高精度微小器件的检测和加工，可实现自动校准、大行程高精度二维运动。

第 7 章 宏宏复合微纳运动实现技术

7.1 宏宏复合微纳运动系统工作原理

本章较为系统地介绍了作者创造性地提出的一种新型微纳运动系统——宏宏复合微纳运动系统，研究了宏宏差动复合微纳运动系统的动态性能，以及系统全组件摩擦模型辨识和摩擦补偿控制，并通过试验对系统的差动复合低速性能进行了研究。研究结果表明：基于螺旋差动原理的宏宏复合微纳运动系统，具有大行程、高刚度、负载能力强、高精度、结构紧凑、控制简单等优点，克服了现行微纳运动系统高精度下的行程有限问题，很好地解决了大行程与高精度的矛盾。

7.1.1 宏宏复合微纳运动系统的提出

第 2 章介绍的基于功能材料特殊属性（如压电效应、电致伸缩、超磁致伸缩、热致效应、记忆效应、弹性等）致动的各类微纳运动系统一般具有纳米级的高定位精度，但往往行程极小，一般在几微米到几十微米范围内。这种微纳运动实现技术随着行程的加大，其定位精度也因其表现出的迟滞、蠕动等非线性影响而大大降低，而且这类微纳运动系统的驱动能力、负载能力和刚度等也都较小，因此其在超精密技术领域的应用大大受到了限制。第 5 章介绍的基于电磁式及压电超声电机的微纳运动系统，虽然实现了大行程，但其定位精度相对较低，一般在微米级。第 6 章介绍的宏微复合微纳运动实现技术，较好地解决了大行程与高精度的矛盾，但是因为系统运动是宏动系统与微动系统的运动叠加合成，故系统整体性能多数“复映”了微动系统存在的固有缺陷。为此，在深入研究各种微纳运动系统优缺点的基础上，本章提出了宏宏复合微纳运动实现技术。

宏宏复合微纳运动系统实现微纳高精度分辨率的运动机理是：将传统的只能单一旋转驱动的滚珠丝杠副改进为丝杠、螺母可同时旋转驱动的滚珠丝杠副，基于螺旋传动差动复合原理，由两个电机同时驱动丝杠和螺母，做同向“准相等”（转速接近相等，旋转方向相同）的旋转驱动，便可实现工作台直线的微纳运动进给。丝杠、螺母两驱动件均在高于其临界爬行速度的转速下工作，这样两电机驱动轴处的非线性摩擦干扰对每个轴的影响就可以消除，两驱动轴可以避开非线性爬行区域。由以上分析可知，差动复合可以使工作台以一个极低的速度均匀地运动，而不会产生爬行。同时，该系统还可有多种工作方式：可以双伺服“差动”驱动，实现高精度的微纳进给控制；可以通过双伺服“和动”驱动，实现倍速快进控制；还可以由单一电机驱动进给。也就是说，该系统具有丝杠电机单独驱动、螺母电机单独驱动、丝杠螺母电机“差动”双驱动、丝杠螺母电机“和动”双驱动等多种工作方式。宏宏复合微纳运动系统不仅具有大行程和极高的位移分辨率，而且变速范围也大大增加。同时，该系统具有负载能力强、刚度大、抗扰能力强等特点，可满足不同场合、不同精度的工作需求。

7.1.2 单自由度宏宏复合微纳运动系统结构及相关参数

1. 单自由度宏宏复合微纳运动系统结构

如图 7-1 所示，给出了一种同步带式宏宏复合微纳运动系统结构几何模型。其结构组成主要包括两个伺服电机、滚珠丝杠螺母传动副、位移检测装置、滚动导轨副、CNC（数控加工中心）运动控制器等。其中丝杠电机 19 通过联轴器和滚珠丝杠 4 直连，螺母电机 8 通过一级同步齿形带传动驱动滚珠螺母 16。工作台和滚珠螺母座 5 固联，纳米级高精度光栅尺 1 用于检测工作台位置，定尺安装在底座12上，动尺与工作台固联。

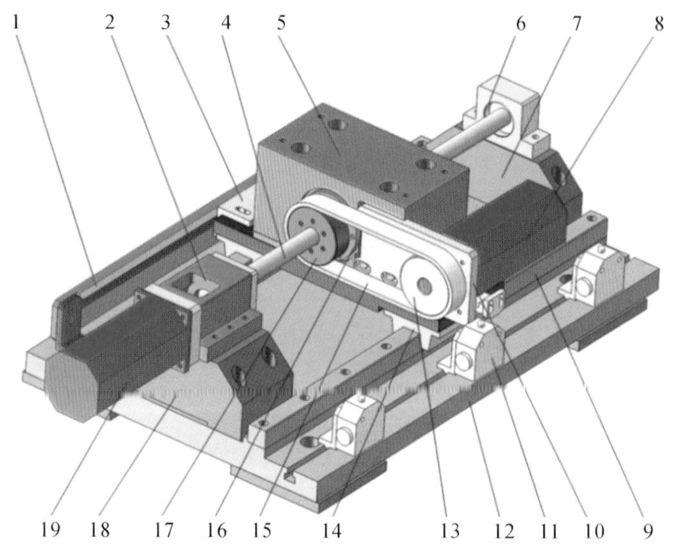

图7-1　同步带式宏宏复合微纳运动系统结构

1—光栅尺；2—丝杠电机传动座；3—光栅尺读数头支架；4—滚珠丝杠；5—螺母座；6—轴承座；7—轴承座支座；8—螺母电机；9—导轨；10—螺母电机支撑板；11—限位开关；12—底座；13—主动轮；14—滑块；15—同步带；16—螺母；17—从动轮；18—传动支撑座；19—丝杠电机

对于宏宏复合微纳运动系统，为了尽可能减少传动环节，提高宏动精度，对其中由螺母驱动的宏动系统，也可采用无框架空心电机来实现直接驱动——将空心电机转子和滚珠螺母通过端部法兰直连的结构，定子固联于螺母座上。称这种空心电机式宏宏复合微纳运动系统为宏宏双直驱型微纳运动系统，如图7-2所示。与图7-1所示同步带式结构相比，空心电机式宏宏复合微纳运动系统避免了同步带弹性变形对工作台运动精度的影响，工作台能够获得更高的运动精度。

对于宏宏复合微纳运动系统，将运动合成的滚珠丝杠螺母螺旋传动副中的螺母组件作为一个不可旋转的单体时，则该运动系统构成了丝杠单驱动伺服系统(screw-driven servo system，SDSS)，称之为“丝杠宏动伺服系统”。该系统主要包括丝杠伺服电机、滚珠丝杠副、丝杠轴承、工作台及导轨副等组件。对于宏

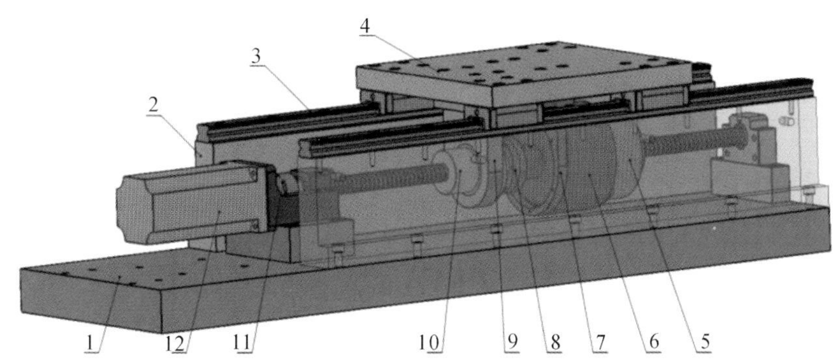

图 7-2　空心电机式宏宏复合微纳运动系统结构

1—底座;2—导轨座;3—导轨副;4—工作台;5—编码器;6—空心伺服电机;7—空心电机座;8—连接法兰;9—螺母安装座;10—螺母驱动型滚珠丝杠副;11—联轴器;12—丝杠伺服电机

宏复合微纳运动系统,如果将滚珠丝杠固定不动,螺母作为单独的驱动部件带动工作台运动,则该运动系统构成了螺母单驱动伺服系统(nut-driven servo system,NDSS),称之为"螺母宏动伺服系统"。该系统主要包括螺母电机、同步齿形带传动副、螺母组件、工作台及导轨副等组件。

2. 单自由度宏宏复合微纳直线运动系统设计准则及关键器件主要参数

这里以图 7-1 所示结构方案为例,简单介绍单自由度宏宏复合微纳直线运动系统的设计准则及关键器件主要参数。为了保证高精度,系统设计应遵循的总体设计准则有:①关键传动、检测、驱动、支撑等器件达到高精度,如位置检测器件分辨率达到纳米级;②采取全闭环控制及误差补偿措施;③SDSS 和 NDSS 等惯量、机电耦合动态匹配设计原则等。

1)运动控制器

运动控制系统选用 GT400SV 四轴运动控制器,该型号运动控制器还可结合 MATLAB 软件实现用户自定义控制算法。

2)伺服驱动系统

两个宏动伺服电机选用松下 MINAS-A5 系列交流永磁同步伺服电机及驱动器,主要技术参数如表 7-1 所示。

表 7-1　电机主要参数

电机型号	额定功率	额定转矩	瞬时最大扭矩	额定转速	最高转速	转子惯量	容许负载惯量
MSME-042G1U	400 W	1.3 N·m	3.8 N·m	3000 r/min	6000 r/min	0.28×10^{-4} kg·m^2	8.4×10^{-4} kg·m^2

3)检测元件

宏动伺服闭环控制系统中涉及的检测元件有两种:一是伺服电机自带的20位增量型旋转编码器;二是工作台位移测量装置,选用 MicroE System 公司的 Mercury II 6800 型光栅尺,分辨率最高可达 1.2 nm。

单自由度宏宏复合微纳运动平台控制系统由工控主机、PCI(peripheral component interconnect,外设部件互连标准)运动控制器构成,与图 7-1 所示机械系统构成全闭环控制,其控制系统结构简图如图 7-3 所示。

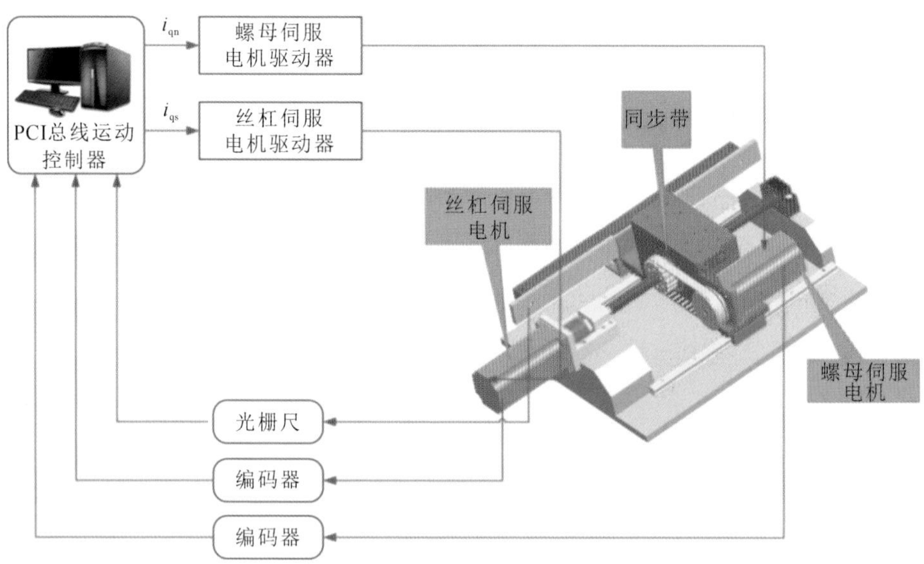

图 7-3　单自由度宏宏复合微纳运动平台控制系统结构简图

7.1.3　宏宏复合微纳运动系统工作原理及系统特点

1. 宏宏复合微纳运动系统工作原理

宏宏复合微纳运动系统包含丝杠电机驱动和螺母电机驱动两个宏观的运动伺服系统,图 7-4 所示为宏宏复合微纳运动系统的控制原理图。两个宏动伺服系统包括：丝杠电机伺服驱动系统和螺母电机伺服驱动系统、差动位置比较器和位置反馈模块。两个伺服电机驱动系统中均包含速度控制电路、位置控制电路、电流控制电路。

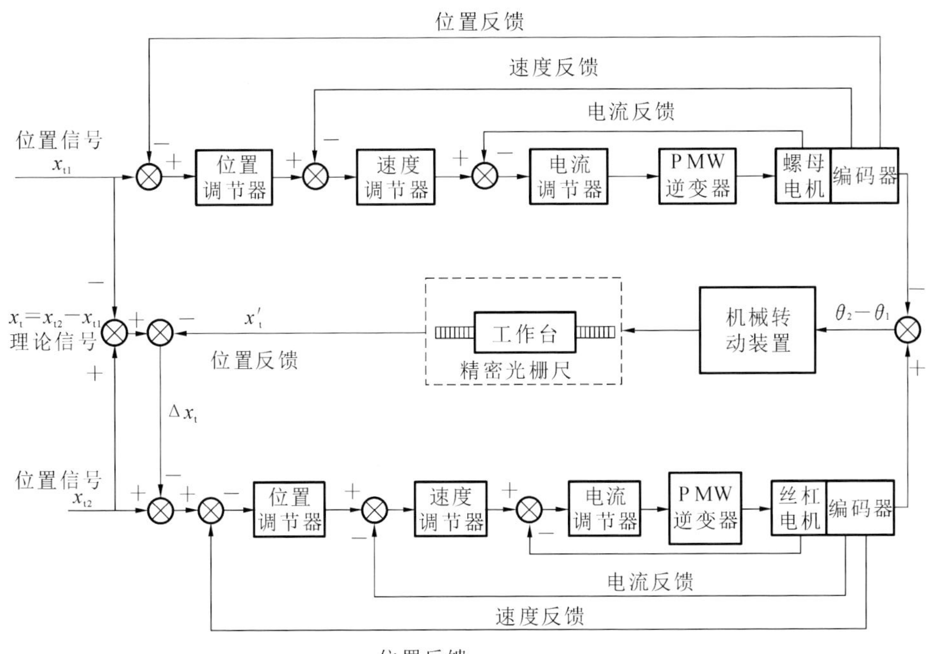

图7-4　宏宏复合微纳运动系统控制原理图

在丝杠电机和螺母电机伺服驱动系统中，通过控制器给定位置信号 x_{t1}、x_{t2}，位置信号经位置调节器转化成速度信号，速度信号经速度调节器转化成电流信号，电流信号经过PWM逆变器控制电机转动，电机通过编码器再将电机位置和转速分别反馈给位置调节器和速度调节器，使构成差动合成的两个宏动转角位移实现闭环控制。工作台需要的高分辨率的极低速运动位移 $x_t=x_{t1}-x_{t2}$，可以任意分配一组位置信号解 x_{t1}、x_{t2}，进而推演出丝杠电机和螺母电机各自差动角位移信号 $\theta=\theta_1-\theta_2$。工作台经光栅尺将位置信号反馈后和 x_t 作比较，将误差 $\Delta x_t=x_t-x_t'$ 反馈给丝杠电机控制器，对丝杠电机进行运动调整，最终形成工作台低速微纳运动的全闭环控制。

值得注意的是，虽然两个宏动位置信号 x_{t1}、x_{t2} 有无限组解，但运动控制器分配的两个宏动伺服电机的转速需高于其各自独立驱动的低速临界爬行转速，且宏动系统积累的动能足以克服工作台低速工作时其与导轨间非线性摩擦造成的负载波动影响。

2. 宏宏复合微纳运动系统运动控制特点

笔者提出的宏宏复合微纳运动系统构成的单自由度或多自由度运动平台，突出特点在于实现大行程高精度微纳运动控制，但实际使用时在 CNC 控制器的控制下可以具有多种工作方式：可以“差动”复合驱动，实现高精度的微纳进给控制；可以“和动”复合驱动，实现高速快进控制；还可以由丝杠电机或螺母电机各自单驱及其组合驱动，实现进给控制。也就是说，这种运动系统具有丝杠单独驱动、螺母单独驱动、丝杠螺母“差动”双驱动、丝杠螺母“和动”双驱动，以及“单动＋双动”伺服驱动等多种工作方式，且不同驱动工作方式具有不同的工作性能，可满足不同场合的工作需求。

7.2 宏宏复合微纳运动系统的动力学模型

宏宏复合微纳运动系统由螺母单驱动伺服系统（NDSS）和丝杠单驱动伺服系统（SDSS）两个宏动伺服系统构成，其微纳运动实现机理就是通过螺母驱动和丝杠驱动两个“准相等”的宏动经差动合成实现微纳尺度级运动。要研究系统的微纳运动性能，首先应对系统开展摩擦和动力学行为分析，通过系统的摩擦特性分析和动力学研究，进一步研究系统微纳运动的低速性能和精度。图 7-1、图 7-2 所示两种不同结构的宏宏复合微纳运动系统的区别在于螺母宏动系统的传动环节不同，但根据图 6-4 所示的双惯量机电耦合传动模型可知，其动力学模型具有通用性。

7.2.1 宏宏复合微纳运动系统摩擦建模

1. 工作台直线运动系统摩擦建模

当工作台直线运动速度极低时，非线性摩擦是引起其换向和低速运动误差的主要因素之一。LuGre 摩擦模型在稳态时等效为图 7-5 所示的 Stribeck 曲线模型，该模型可以高精度地描述工作台由静止到运动的过渡过程中，静态摩擦力和动态摩擦力与速度的关系。LuGre 摩擦模型是众多摩擦模型的典型代表，包含了黏性摩擦、库伦摩擦和 Stribeck 效应。对于工作台导轨副间的摩擦，可以用 LuGre 摩擦模型描述，如式(7-1)所示。

$$\begin{cases} F_f = \sigma_0 z + \sigma_1 \dot{z} + \sigma_2 v \\ \dot{z} = v \dfrac{|v|}{g(v)} z \\ \sigma_0 g(v) = F_c + (F_s - F_c) e^{-(v/v_s)^2} \end{cases} \tag{7-1}$$

式中：F_f，F_s，F_c——工作台的摩擦力、最大静摩擦力、库伦摩擦力；

σ_0，σ_1，σ_2——等效刚性系数、等效阻尼系数、等效黏性摩擦系数；

v_s——Stribeck 速度；

$g(v)$——用于描述 Stribeck 效应的正函数，与材料属性、润滑条件、温度等相关。

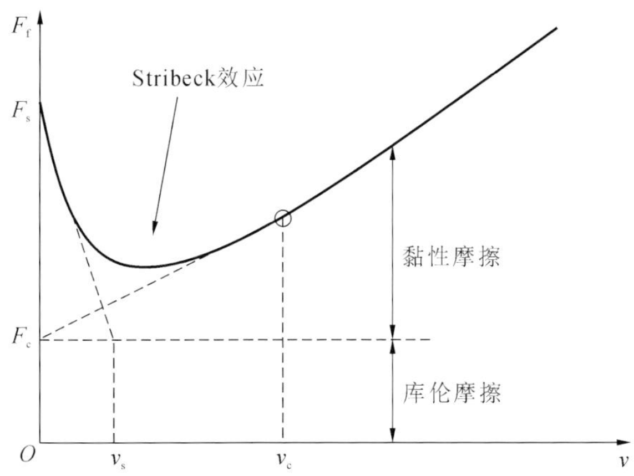

图 7-5　LuGre 摩擦模型等效模型——Stribeck 曲线模型

2. 丝杠单驱动伺服系统摩擦建模

在对丝杠单驱动伺服系统(SDSS)进行集中摩擦建模时，工作台导轨、滑块处的摩擦力可等效到丝杠驱动电机轴上。使用 LuGre 摩擦模型对 SDSS 进行建模：

$$\begin{cases} T_{\mathrm{fs}} = \sigma_{0\mathrm{s}} z_{\mathrm{s}} + \sigma_{1\mathrm{s}} \dot{z}_{\mathrm{s}} + \sigma_{2\mathrm{s}} \dot{\theta}_{\mathrm{ms}} \\ \dot{z}_{\mathrm{s}} = \dot{\theta}_{\mathrm{ms}} - \dfrac{|\dot{\theta}_{\mathrm{ms}}|}{g(\dot{\theta}_{\mathrm{ms}})} z_{\mathrm{s}} \\ \sigma_{0\mathrm{s}} g(\dot{\theta}_{\mathrm{ms}}) = T_{\mathrm{crl}} + (T_{\mathrm{sr}} - T_{\mathrm{scr}}) e^{-(\dot{\theta}_{\mathrm{ms}}/\dot{\theta}_{\mathrm{sr}})^2} \end{cases} \tag{7-2}$$

式中：T_{fs}、T_{sr}、T_{scr}、$\sigma_{0\mathrm{s}}$、$\sigma_{1\mathrm{s}}$、$\sigma_{2\mathrm{s}}$、$\dot{\theta}_{\mathrm{sr}}$、$\dot{\theta}_{\mathrm{ms}}$分别为等效到丝杠驱动轴的摩擦转矩、最大静摩擦转矩、库伦摩擦转矩、刚性系数、阻尼系数、黏性摩擦系数，以及丝杠单驱动伺服系统的 Stribeck 速度、实际运行转速。

3. 螺母单驱动伺服系统摩擦建模

对于螺母单驱动伺服系统（NDSS），将工作台直线运动滑块处的摩擦力等效到螺母电机驱动轴上，则 NDSS 摩擦模型为

$$\begin{cases} T_{\mathrm{nf}} = \sigma_{0\mathrm{n}} z_{\mathrm{n}} + \sigma_{1\mathrm{n}} \dot{z}_{\mathrm{n}} + \sigma_{2\mathrm{n}} \dot{\theta}_{\mathrm{mn}} \\ \dot{z}_{\mathrm{n}} = \dot{\theta}_{\mathrm{mn}} - \dfrac{|\dot{\theta}_{\mathrm{mn}}|}{g(\dot{\theta}_{\mathrm{mn}})} z_{\mathrm{n}} \\ \sigma_{0\mathrm{n}} g(\dot{\theta}_{\mathrm{mn}}) = T_{\mathrm{ncr}} + (T_{\mathrm{nr}} - T_{\mathrm{ncr}}) e^{-(\dot{\theta}_{\mathrm{mn}}/\dot{\theta}_{\mathrm{nr}})^2} \end{cases} \tag{7-3}$$

式中：T_{nf}、T_{nr}、T_{ncr}、$\sigma_{0\mathrm{n}}$、$\sigma_{1\mathrm{n}}$、$\sigma_{2\mathrm{n}}$、$\dot{\theta}_{\mathrm{nr}}$、$\dot{\theta}_{\mathrm{mn}}$分别为螺母电机驱动时电机轴的摩擦转矩、最大静摩擦转矩、库伦摩擦转矩、等效刚性系数、等效阻尼系数、等效黏性摩擦系数，以及螺母单驱动伺服系统的 Stribeck 速度、实际运行转速。

4. 宏宏复合微纳运动系统摩擦建模

对宏宏复合微纳运动系统实现高精度微纳运动的特点进行分析，可以看出，对于进行差动复合的 SDSS 和 NDSS 两个宏动系统，因为两驱动轴均工作在其临界转速之上，避开了非线性爬行区域，其摩擦处理可以恒定或线性处理，只有工作台导轨副处的摩擦处于强非线性的过渡区。系统设计尽管采用了滚动导轨，但是若实现微纳分辨率的工作台运动，其摩擦可以按照 LuGre 非线性摩擦模型处理。基于两宏动系统各自摩擦行为特点的不同，笔者提出了将丝杠驱动轴、螺母驱动轴和工作台分别进行摩擦建模处理的方法，称之为全组件摩擦建模。

式(7-1)(7-2)(7-3)构成了宏宏复合微纳运动系统全组件摩擦模型。但式(7-2)(7-3)是 SDSS 和 NDSS 两个宏动系统中各自独立驱动的摩擦模型，都包含了工作台导轨副摩擦，因此，对于宏宏复合微纳运动系统全组件摩擦模型，将工作台摩擦力仅仅向其中一个高速宏动系统等效处理即可。

7.2.2 宏宏复合微纳运动系统的动力学模型

1. 丝杠单驱动伺服系统动力学建模

在丝杠单驱动伺服系统(SDSS)中，丝杠电机通过联轴器直接驱动丝杠旋转，进而转换为工作台的直线运动，将丝杠电机、丝杠、轴承等旋转组件统称为丝杠驱动轴，进行等效处理后分析可得如图 7-6 所示的 SDSS 动力学几何模型。

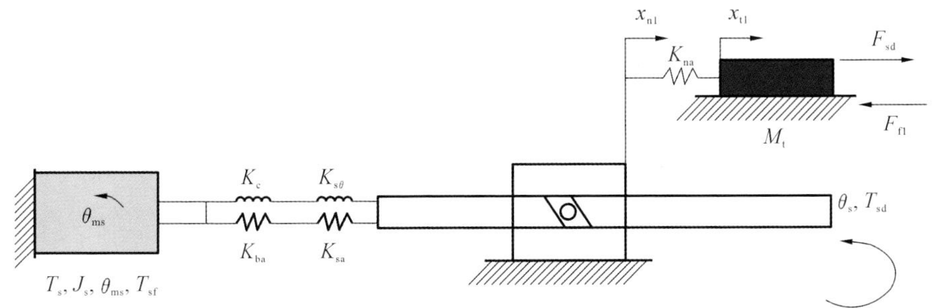

图 7-6　SDSS 动力学几何模型

图 7-6 中：T_s 是丝杠电机的输出扭矩；T_{sd}是作用在丝杠上的驱动力矩，F_{sd}是作用在工作台上的驱动力；T_{sf}是作用在丝杠驱动轴上的等效摩擦力矩；F_{f1} 是作用在导轨滑块上的摩擦力；J_s 是丝杠驱动轴的等效转动惯量；θ_{ms}是丝杠电机轴转角；θ_s 是丝杠转角；x_{n1}是丝杠单驱动时螺母组件的轴向位移；x_{t1}是丝杠单驱动时工作台的轴向位移；M_t 是工作台总质量。则 SDSS 的动力学模型可表示为

$$\begin{cases} T_s = J_s\ddot{\theta}_{ms} + T_{sd} + T_{sf} \\ T_{sd} = \dfrac{p_h}{2\pi\eta}F_{sd} = \dfrac{R}{\eta}F_{sd} \\ F_{sd} = M_t\ddot{x}_{t1} + F_{f1} \\ x_{n1} = R\theta_s \end{cases} \tag{7-4}$$

式中：p_h——丝杠螺母的导程；

η——传动效率；

R——丝杠螺母传动比，$R=\frac{p_h}{2\pi}$。

为了求出在丝杠单驱动时工作台实际的轴向位移量，需要综合考虑弹性部件的扭转变形和轴向伸长。用 K_{t1} 表示丝杠单驱动时系统的等效扭转刚度，有

$$K_{t1} = \left(\frac{1}{K_c} + \frac{1}{K_{s\theta}}\right)^{-1} \tag{7-5}$$

式中：K_c——联轴器的扭转刚度；

$K_{s\theta}$——丝杠的扭转刚度。

丝杠单驱动伺服系统的综合等效刚度为

$$K_{eq1} = \left(\frac{1}{K_a} + \frac{R^2}{\eta} \cdot \frac{1}{K_{t1}}\right)^{-1} \tag{7-6}$$

综合式(7-4)、式(7-6)，SDSS 工作台的轴向位移量为

$$x_{t1} = R\theta_{ms} - F_{sd}K_{eq1} \tag{7-7}$$

2. 螺母单驱动伺服系统动力学建模

在 NDSS 中，丝杠固定，将螺母电机、螺母、轴承、同步带轮等旋转组件统称为螺母驱动轴，经过等效处理分析后构建的 NDSS 动力学模型如图 7-7 所示。NDSS 动力学模型可表示为

$$\begin{cases} T_n = J_n\ddot{\theta}_{mn} + T_{nd} + T_{nf} \\ T_{nd} = \dfrac{p_h}{2\pi\eta}F_{nd} = \dfrac{R}{\eta}F_{nd} \\ F_{nd} = M_t\ddot{x}_{t2} + F_{f2} \\ x_{n2} = R\theta_n \end{cases} \tag{7-8}$$

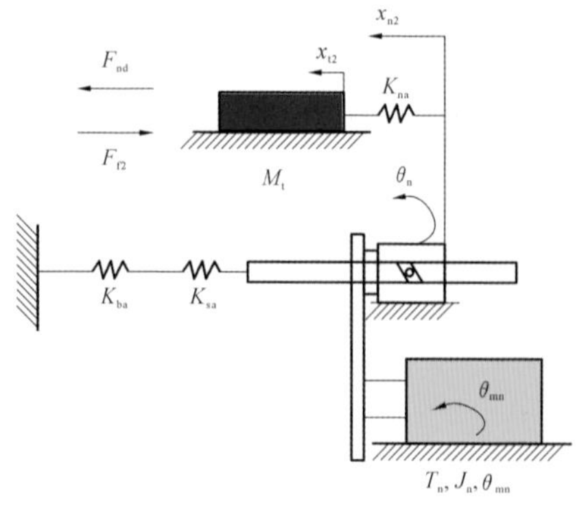

图 7-7　NDSS 动力学模型

式中：T_n——螺母电机的输出扭矩；

J_n——螺母驱动轴的等效转动惯量；

T_{nd}——作用在螺母上的驱动力矩；

F_{nd}——作用在工作台上的驱动力；

T_{nf}——螺母驱动轴处的等效摩擦力矩；

F_{f2}——直线导轨滑块处的摩擦力；

$\ddot{\theta}_{mn}$——螺母电机轴转角加速度；

θ_n——螺母转角；

x_{n2}——螺母单驱动时螺母组件的轴向运动加速度；

$\ddot{x}_{t2}$——螺母单驱动时工作台的轴向运动加速度。

为了求出在螺母单驱动时工作台实际的轴向位移量，需要综合考虑弹性部件的扭转变形和轴向伸长。

用 K_{t2} 表示螺母和同步带的等效扭转刚度，有

$$K_{t2}=\left(\frac{1}{K_{n\theta}}+\frac{1}{K_{B\theta}}\right)^{-1} \tag{7-9}$$

式中：$K_{n\theta}$——螺母的扭转刚度；

$K_{B\theta}$——同步带的等效扭转刚度。

螺母驱动时，系统的等效轴向刚度 K_a 为

$$K_a=\left(\frac{1}{K_{na}}+\frac{1}{K_{sa}}+\frac{2}{K_{ba}}\right)^{-1} \tag{7-10}$$

式中：K_{na}——螺母组件的轴向刚度；

K_{sa}——丝杠的轴向刚度；

K_{ba}——轴承的轴向刚度。

根据以上得到的等效扭转刚度和等效轴向刚度，可计算出螺母单驱动伺服系统的综合等效刚度 K_{eq2} 为

$$K_{eq2}=\left(\frac{1}{K_a}+\frac{R^2}{\eta}\cdot\frac{1}{K_{t2}}\right)^{-1} \tag{7-11}$$

综合考虑系统的扭转变形和轴向伸长，可得到 NDSS 工作台实际轴向位移量的数学表达式，为

$$x_{t2}=R\theta_{mn}-F_{nd}K_{eq2} \tag{7-12}$$

3. 宏宏复合微纳运动系统动力学建模

综合 SDSS 和 NDSS 两个宏动系统动力学分析，不难得出宏宏复合微纳运动系统动力学模型，如图 7-8 所示。其中，F_d 是复合驱动下工作台所受到的轴向驱动力；F_f 是工作台导轨副摩擦力；x_n 是复合驱动下螺母组件的轴向位移；x_t 是复合驱动下工作台的轴向位移。

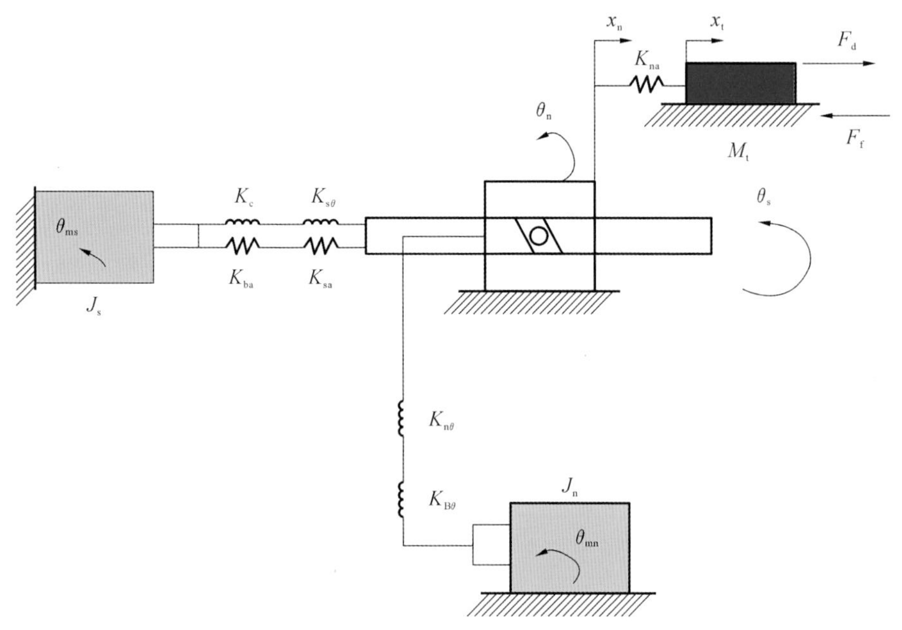

图 7-8　宏宏复合微纳运动系统动力学模型

依据 NDSS 和 SDSS 动态匹配和便于控制原则，这里 NDSS 和 SDSS 两个宏动系统选用同型号伺服电机，且传动比参数一致、驱动轴转动惯量相等，即 $J=J_n=J_s$，故宏宏复合微纳运动系统动力学模型为

$$\begin{cases} T = J\ddot{\theta} + T_d + T_f \\ \theta = \theta_{ms} - \theta_{mn} \\ T_d = \dfrac{R}{\eta}F_d \\ F_d = M_t\ddot{x}_t + F_f \end{cases} \tag{7-13}$$

通过预先设计，可实现工作台在不同驱动方式下具有相同的运动参数，保

证两单驱动和双轴差速微量进给伺服系统的综合刚度相等，即 $K_{eq}=K_{eq1}=K_{eq2}$，因此工作台在双伺服驱动工况下的位移为

$$x_t = R\theta - F_d K_{eq} \tag{7-14}$$

4. 交流伺服电机动力学建模

交流永磁式伺服电机具有硬的机械特性和较宽的调速范围，根据电磁学理论，其等效电路如图 7-9 所示。

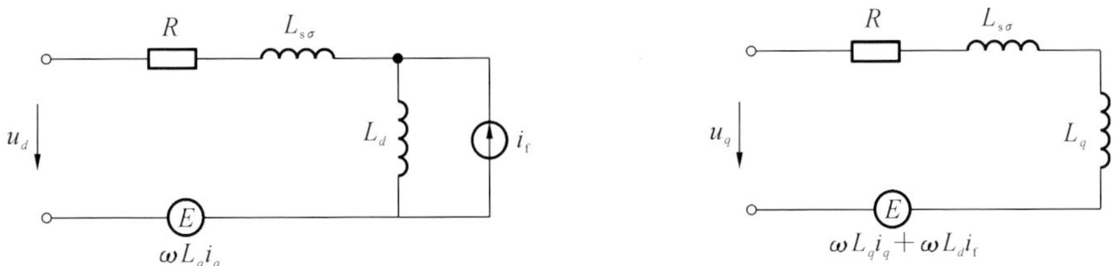

图 7-9　交流永磁式伺服电机在 dq 坐标系下的动态等效电路

交流伺服电机的动力学模型为

$$\begin{cases} u_{di} = R_i i_{di} - \omega_{ei} L_{qi} i_{qi} + L_{di} \dfrac{\mathrm{d}i_{di}}{\mathrm{d}t} \\ u_{qi} = R_i i_{qi} + \omega_{ei} L_{di} i_{di} + \omega_{ei} \Psi_i + L_{qi} \dfrac{\mathrm{d}i_{qi}}{\mathrm{d}t} \end{cases} \tag{7-15}$$

式中：i_{di}，i_{qi}——d 轴、q 轴的电流；

R_i——绕组等效电阻；

L_{di}，L_{qi}——d 轴、q 轴电感；

ω_{ei}——转子角速度；

Ψ_i——转子磁场的等效磁链。

则电磁转矩方程式可表示为

$$T_{ei} = \frac{3}{2} p_i [\Psi_i i_{qi} + (L_{di} - L_{qi}) i_{di} i_{qi}] \tag{7-16}$$

永磁同步电机转子为笼形，即 $L_{di}=L_{qi}$，采用 i_d 恒等于 0 的矢量控制方式，此时有

$$T_{ei} = \frac{3}{2} p_i \Psi_i i_{qi} = K_{ti} i_{qi} \tag{7-17}$$

式(7-16)(7-17)中：K_{ti}——转矩系数；

p_i——极对数。

7.3 宏宏复合微纳运动系统的低速特性

本节通过对系统摩擦和动力学分析建模，分别搭建常规伺服系统和宏宏复合运动系统的仿真平台，同时研制了宏宏复合运动系统实验台，对宏宏复合微纳运动系统低速性能进行了仿真试验和实验研究。通过和常规伺服系统低速性能试验结果比较，验证了本节研制的宏宏复合微纳运动系统低速性能得到大大改善，较好地解决了大行程下不能实现高精度的运动控制现实问题的结论。

7.3.1 宏宏复合微纳运动系统仿真平台搭建

为了研究不同工况下宏宏复合微纳运动系统的低速特性，结合系统摩擦模型及动力学模型，搭建了如图 7-10 所示的 SDSS 仿真模型和如图 7-11 所示的宏宏复合微纳运动系统仿真模型。仿真所用参数如表 7-2 所示。

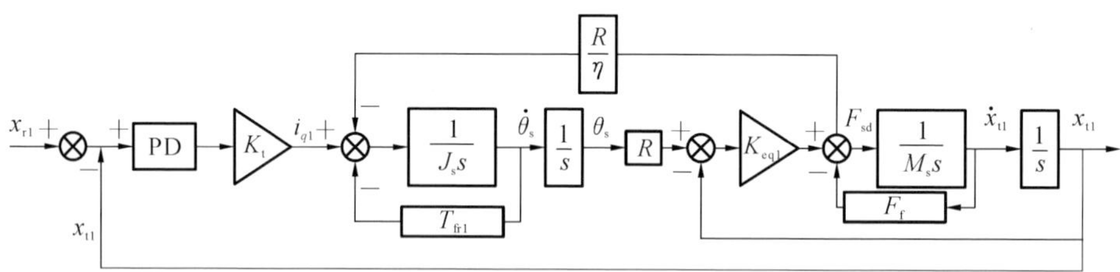

图 7-10 SDSS 仿真模型

表 7-2 宏宏复合微纳运动系统参数

参　　数	数　　值
电机转矩系数 $K_t/(\mathrm{N\cdot m\cdot A^{-1}})$	0.492
驱动轴转动惯量 $J_i/(\mathrm{kg\cdot m^2})$	5.83×10^{-5}
工作台总质量 M_t/kg	20
综合等效刚度 $K_{eq}/(\mathrm{N\cdot m^{-1}})$	2.06×10^{7}
传动效率 η	0.9
丝杠导程 p_h/mm	5

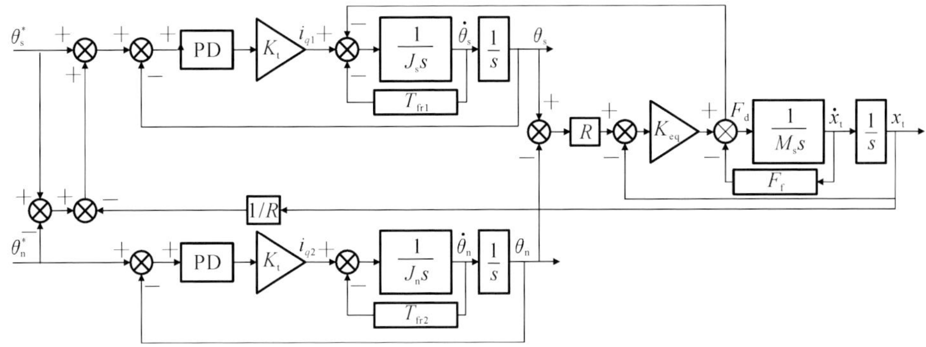

图 7-11　宏宏复合微纳运动系统仿真模型

7.3.2　宏宏复合微纳运动系统低速性能仿真研究

1. 宏宏复合微纳运动系统摩擦参数辨识

在对单自由度宏宏复合微纳运动系统进行摩擦建模分析的基础上，按照遗传算法进行了摩擦参数辨识，辨识结果如表 7-3 所示。表中：F_c 为滑动导轨处的库伦摩擦力，N；F_s 为滑动导轨处的最大静摩擦力，N；v_s 为滑动导轨处的 Stribeck 速度，m/s；σ_2 为滑动导轨处的等效黏性摩擦系数，N·s/m；σ_0 为滑动导轨处的等效刚性系数，N/m；σ_1 为滑动导轨处的等效阻尼系数，N·s/m。比较发现，SDSS 和 NDSS 两个宏动系统摩擦参数相近，实际进行宏宏复合微纳运动系统设计时也希望如此。

表 7-3　摩擦参数辨识结果

摩擦参数	丝杠驱动轴		螺母驱动轴		工作台导轨	
	正向	反向	正向	反向	正向	反向
F_c/N	73.4	−68.5	76.2	−72.1	14.7	−14.3
F_s/N	96.4	−94.6	108.4	−102.3	22.5	−22.9
v_s/(m/s)	8.64×10^{-4}	-9.01×10^{-4}	9.38×10^{-4}	-9.56×10^{-4}	1.45×10^{-3}	-1.36×10^{-3}
σ_2/(N·s/m)	3.14×10^{3}	2.76×10^{3}	3.12×10^{3}	3.01×10^{3}	61.6	62.3
σ_0/(N/m)	3.64×10^{7}		3.61×10^{5}		4.38×10^{5}	
σ_1/(N·s/m)	5.26×10^{3}		5.76×10^{3}		1.86×10^{3}	

如图 7-5 所示，当工作台低速运行时，速度低于 v_c 就会产生爬行现象，v_c 称为临界速度。从图 7-12 所示的系统摩擦参数辨识特性曲线中可知，丝杠驱动轴的临界转速约为0.4 mm/s(等效到工作台的直线运动速度为 2 mm/s)，工作台的临界速度约为 6.0 mm/s，即驱动轴临界速度要远低于工作台。

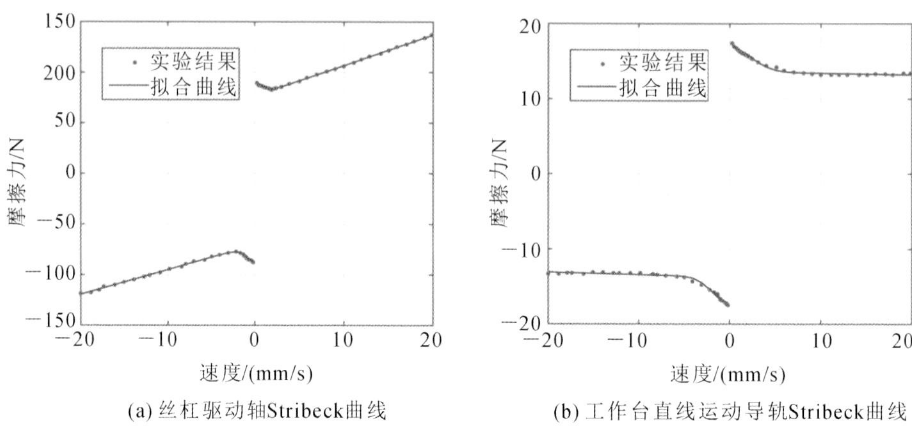

(a) 丝杠驱动轴Stribeck曲线　(b) 工作台直线运动导轨Stribeck曲线

图 7-12　系统摩擦参数辨识特性曲线

2. 宏宏复合微纳运动系统低速性能仿真试验

宏宏复合微纳运动系统摩擦参数辨识结果如表 7-3 所示，仿真中位置输入均为斜坡输入，输入速度为匀速。宏宏复合微纳运动系统在丝杠单独驱动下，简称为 SDSS 单驱动运行模式，若在丝杠和螺母双驱动下，进行宏宏复合差动工作时，简称为 SDSS-NDSS 双驱动运行模式。

图 7-13(a)～(l)分别为工作台在 SDSS 和 SDSS-NDSS 两种运行模式下，工作台的合成速度分别为 1.65 mm/s、1.0 mm/s、0.5 mm/s、0.1 mm/s 、10 mm/s，以及 SDSS、NDSS 不同宏动速度(v_1、v_2)合成下的仿真结果。图 7-13(a)所示结果说明，在 SDSS 运行模式下，工作台直线进给速度为 1.65 mm/s 时发生了爬行现象。该速度值介于驱动轴与直线运动导轨的 Stribeck 速度之间，工作台以该速度进给时，丝杠与工作台同时处于预滑动摩擦区，受 Stribeck 效应的影响，工作台的速度响应出现了严重的振荡现象，将 1.65 mm/s 定为临界转速。

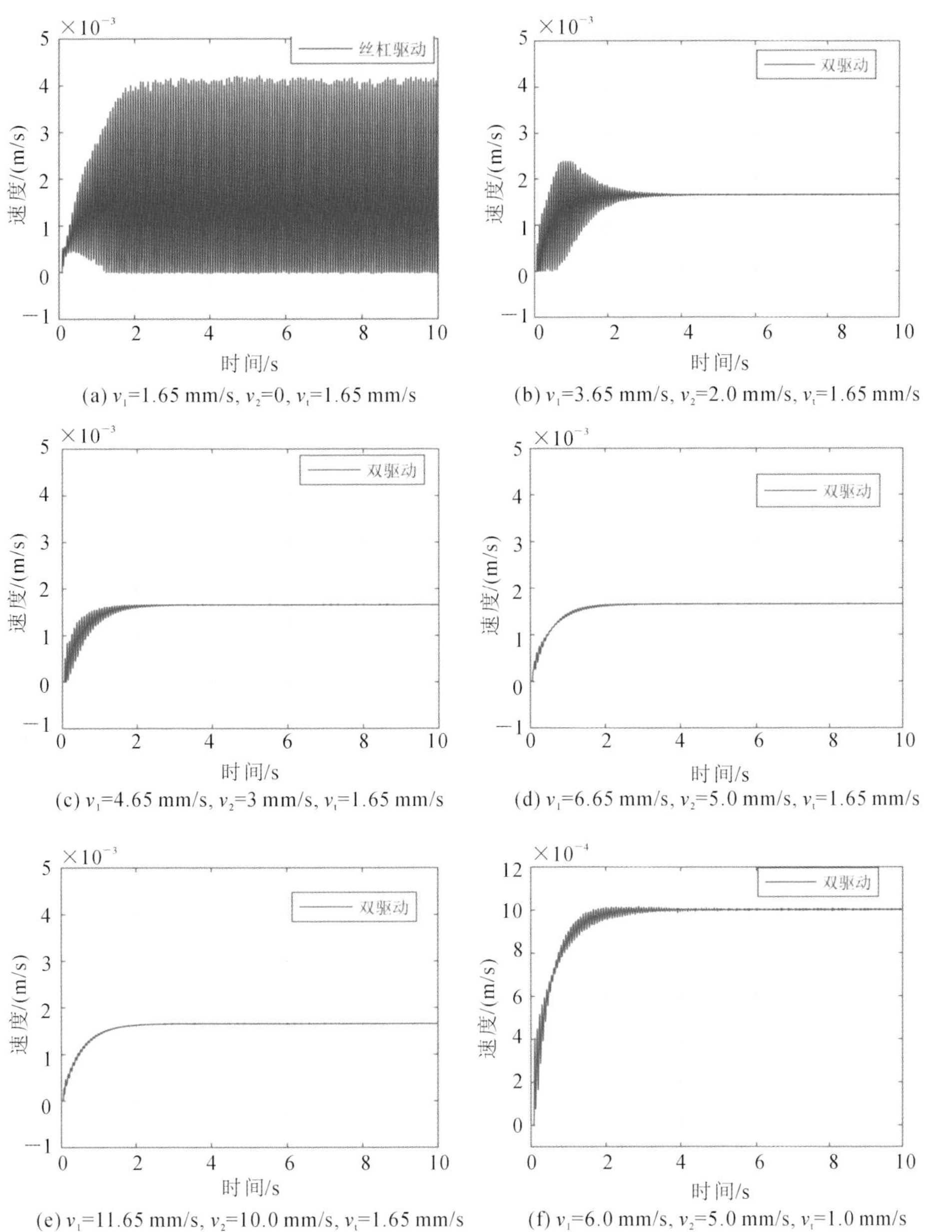

(a) v_1=1.65 mm/s, v_2=0, v_t=1.65 mm/s

(b) v_1=3.65 mm/s, v_2=2.0 mm/s, v_t=1.65 mm/s

(c) v_1=4.65 mm/s, v_2=3 mm/s, v_t=1.65 mm/s

(d) v_1=6.65 mm/s, v_2=5.0 mm/s, v_t=1.65 mm/s

(e) v_1=11.65 mm/s, v_2=10.0 mm/s, v_t=1.65 mm/s

(f) v_1=6.0 mm/s, v_2=5.0 mm/s, v_t=1.0 mm/s

图 7-13　不同工作模式下工作台的速度响应曲线

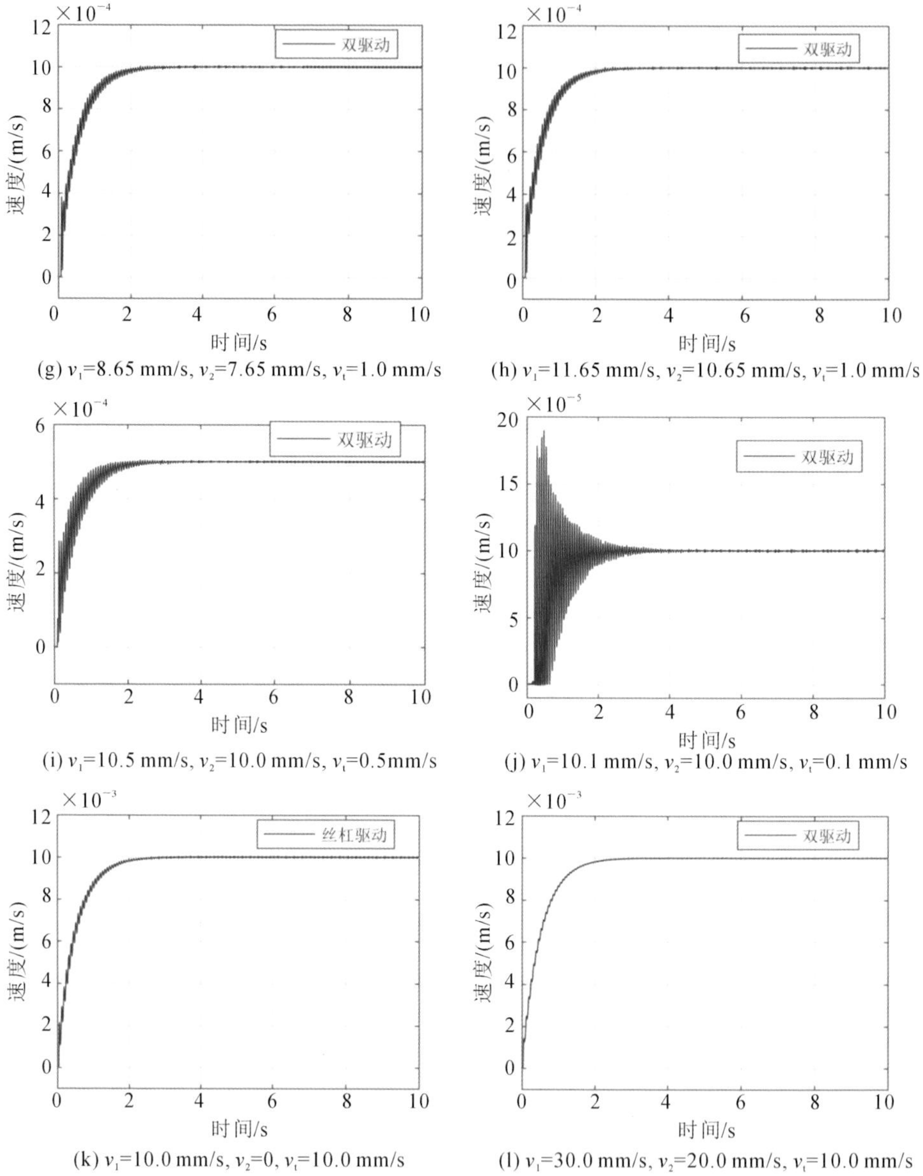

(g) v_1=8.65 mm/s, v_2=7.65 mm/s, v_t=1.0 mm/s

(h) v_1=11.65 mm/s, v_2=10.65 mm/s, v_t=1.0 mm/s

(i) v_1=10.5 mm/s, v_2=10.0 mm/s, v_t=0.5mm/s

(j) v_1=10.1 mm/s, v_2=10.0 mm/s, v_t=0.1 mm/s

(k) v_1=10.0 mm/s, v_2=0, v_t=10.0 mm/s

(l) v_1=30.0 mm/s, v_2=20.0 mm/s, v_t=10.0 mm/s

续图 7-13

由图 7-13(b)可以看出，当丝杠驱动轴转速高于临界转速，但螺母驱动轴转速略高于临界转速时，工作台的速度响应在开始阶段发生过渡振荡，调整时间达到 4 s 之后，速度响应趋于稳定。在图 7-13(c)中，丝杠驱动轴转速与螺母驱动轴转速都高于临界转速，工作台速度只在初始阶段发生了很小的过渡振荡，调整时间为 2.2 s。

图 7-13(d)(e)给出了当两驱动轴转速均高于临界转速时，工作台速度的输出变化情况。对图 7-13(c)～(e)进行对比发现，随着驱动轴转速升高，工作台在加速阶段的速度振荡逐渐减小。如图 7-13(e)所示，在速度组合为 $v_1=11.65$ mm/s，$v_2=10$ mm/s 时，在工作台加速阶段几乎看不到明显的速度振荡。并且，当两轴转速均高于临界转速时，调整时间几乎不变。与图 7-13(a)进行比较发现，在宏宏复合双驱动模式下，两驱动轴可以同时工作在相对高速区，即高于临界转速，成功避开了 Stribeck 效应的影响，克服了单驱动模式下，丝杠驱动轴在低速下不可避免地接近或进入非线性爬行区域的缺点。

图 7-13(f)～(h)为宏宏复合差动模式下，合成后工作台速度为 1.0 mm/s 时的仿真结果，图 7-13(f)和图 7-13(g)的对比较明显，调整时间由 4 s 缩短到接近 2 s。可以看出，增大驱动轴的转速可有效补偿由合成速度降低带来的非线性干扰。图 7-13(g)和图 7-13(h)没有明显区别，说明在宏宏复合差动模式下，驱动轴转速超过临界速度一定值，就可以达到减小摩擦非线性干扰的效果，而不需要工作在特别高的转速。

在保证两驱动轴高于临界速度的前提下，进一步降低宏宏复合差动模式下工作台的进给速度。图 7-13(i)所示为工作台进给速度为 0.5 mm/s 时的速度响应曲线，虽然调整时间高于进给速度为 1.0 mm/s 时的，但最终仍然可以获得均匀稳定的速度响应。经过反复仿真试验，如图 7-13(j)所示，宏宏复合差动模式下工作台的临界爬行速度接近 0.1 mm/s，该速度值远小于丝杠单驱动时工作台临界爬行速度，甚至低于两驱动轴的 Stribeck 速度，进一步验证了宏宏复合差动模式可以使工作台获得精确稳定的极低速响应。

图 7-13(k)和图 7-13(l)所示为工作台速度为 10.0 mm/s 时的仿真结果。可以看出，工作台的进给速度高于临界速度时，宏宏双驱动模式和丝杠单驱动模式的速度波动与调整时间没有明显差别。

通过对比分析，可以看出，当两宏动转速超过临界转速，即工作在线性摩擦区时，宏宏复合差动运动系统表现出更好的低速微量进给特性，且响应速度快。

7.3.3 宏宏复合微纳运动系统低速性能试验研究

1. 宏宏复合微纳运动系统试验台简介和低速性能评判指标

按照图 7-2 给出的几何模型，研制了单自由度宏宏复合微纳运动系统试验台，如图 7-14 所示。工作台行程为 280 mm，负载质量 $M_t=7.8$ kg，高精度螺母旋转型滚珠丝杠副导程 $p_h=5$ mm，电机型号为 MHMJ042G1D-Panasonic，光栅尺型号为 Mercury II 6000，最高分辨率可设置为 1.2 nm，运动控制器选用固高 TS-800-SV-PCI-G。同时，选用雷尼绍 RLE 10 光纤激光尺（RLD 10 差分激光头、RLU 10 激光装置、RCU 10 实时补偿系统）及研华 PCI 总线式多通道数据采集卡构建其运动位移测量系统，用于检验系统低速运动性能。试验中设定光纤激光尺的采样频率为 10 kHz。

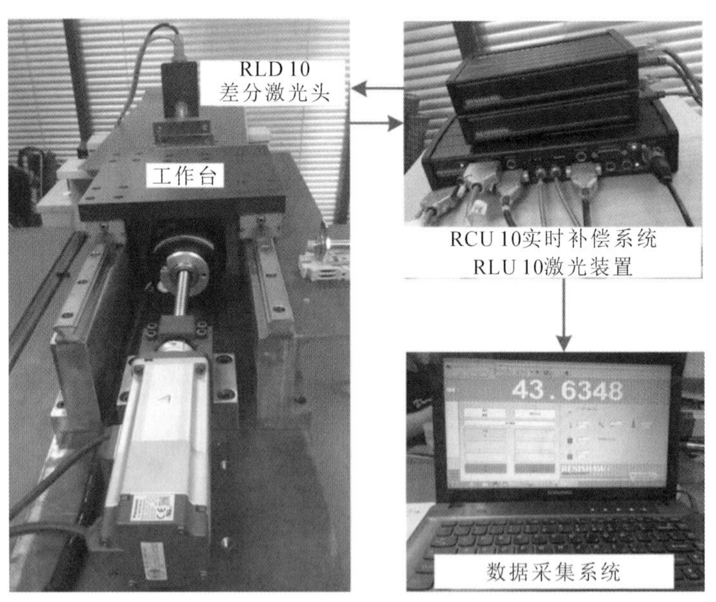

图 7-14　单自由度宏宏复合微纳运动系统试验台

低速运动性能试验采用最大跟踪误差、平均跟踪误差和跟踪误差的标准偏差来评价各驱动进给系统的低速进给性能。它们的定义如下。

(1)最大跟踪误差：

$$M_e = \max_{i=1,2,\cdots,N} \{ | z_1(i) | \} \tag{7-18}$$

式中：$z_1(i)$——各点的跟踪误差；

N——采集的数据信号的数量。

(2)平均跟踪误差：

$$\mu = \frac{1}{N}\sum_{i=1}^{N} | z_1(i) | \tag{7-19}$$

(3)跟踪误差的标准偏差：

$$\sigma = \sqrt{\frac{1}{N}\sum_{i=1}^{N}[| z_1(i) | - \mu]^2} \tag{7-20}$$

2. 宏宏复合微纳运动系统过渡阶段速度特性分析

过渡阶段是指工作台由正向(反向)匀速进给过渡到反向(正向)匀速进给的阶段。宏宏复合差动模式下两个宏动速度参考指令：SDSS的速度参考信号设为v_1，NDSS的速度参考信号设为v_2。工作台的运行速度指令信号设为v_t，$v_t = v_1 - v_2$。对于单自由度宏宏复合微纳运动系统工作台，为便于获得差动低速性能，这里对SDSS工作模式、SDSS-NDSS复合差动模式下的过渡过程进行分析。SDSS工作模式下，只有丝杠电机驱动，螺母电机处于制动状态，这时相当于常规的伺服系统。

SDSS工作模式下过渡阶段驱动轴速度分布如图7-15所示，其中v_i指工作台某时刻的速度，v_c指工作台临界速度，旋转运动的驱动轴和直线进给的工作台都经历了匀加速、匀速、匀减速进给三个周期。临界速度以外的区域是相对高速区，临界速度以内的区域是相对低速区。临界速度设置为1.0 mm/s时，在丝杠或螺母各自单独驱动工作时工作台运动一直处于低速区，这时其低速性能受非线性摩擦的影响较大。工作台在单轴驱动模式下需要改变方向时，因速度过零时驱动轴需要穿过受强非线性摩擦影响的爬行过渡区两次，导致速度出现了较大的超调。

在SDSS-NDSS宏宏复合差动模式下，SDSS和NDSS均工作在相对高速区，如图7-16所示，工作台换向时，螺母驱动轴转速的大小和方向均保持不变，丝杠驱动轴先匀减速到和螺母驱动轴转速大小一致，此时工作台理论上保持静止，丝杠驱动轴继续匀减速，这时工作台理论上开始反向运动，整个过程中，两驱动轴转速都在相对高速区，所以两驱动轴都不需要穿过非线性爬行过渡区。

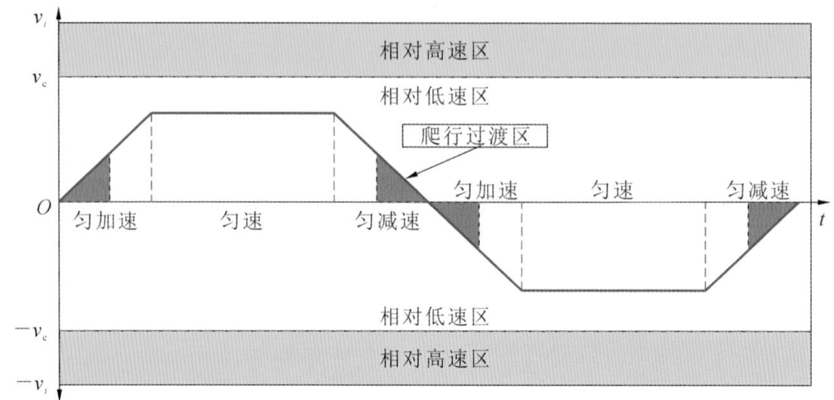

图 7-15　SDSS 工作模式下驱动轴速度分布图

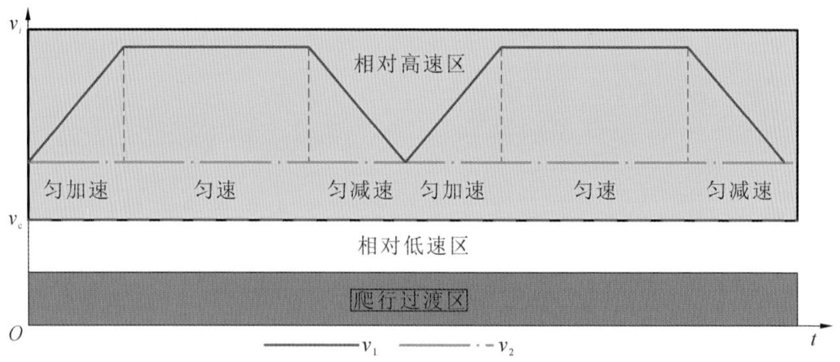

图 7-16　SDSS-NDSS 宏宏复合差动模式下驱动轴速度分布

在 SDSS 和 SDSS-NDSS 两种工作模式下，工作台等时间间隔获得 $v_t=\pm1.0$ mm/s的正反运动的试验结果如图 7-17 所示。试验结果表明：在宏宏复合差动工作模式下，工作台的速度超调明显小于 SDSS 单轴驱动模式的结果，根本原因在于工作台没有受到非线性摩擦干扰的影响。

3. 匀速进给试验研究

对于工作台低速性能测试，为了对比分析 SDSS 和 SDSS-NDSS 两种驱动模式在强非线性摩擦影响下的性能，将工作台的进给速度降低到小于驱动轴的 Stribeck 速度，从而使非线性摩擦干扰的影响被放大。同时，在所有的试验中，根据前面的仿真结果，v_2 设置为20 mm/s，以确保 SDSS 和 NDSS 两个宏动系统避开爬行过渡区工作。这样对于工作台的匀速试验值，分别取工作台速度 v_t =1.0 mm/s、0.75 mm/s、0.5 mm/s、0.2 mm/s，进行速度跟踪试验。不考虑过渡区域，匀速进给阶段(0.1～1.9 s)的速度跟踪误差如图 7-17 至图 7-20 所示。两种模式下系统的速度跟踪误差对比见表 7-4。从这些结果可以看出，系统在 SDSS-NDSS 模式运行的低速性能和 SDSS 模式的相比，具有良好的跟踪性能，跟踪性能有近 45%的提升。尤其在 v_t=0.2 mm/s 时，宏宏复合微纳运动系统的工作台速度平均跟踪误差只有单驱动系统的 30%左右。值得注意的是，单驱动系统具有大的速度波动，说明其已经达到了极限。根据试验结果，我们可以得出这样的结论:宏宏复合微纳运动系统和典型单驱动伺服系统相比，具有更好的低速微量运动均匀性和平稳性。

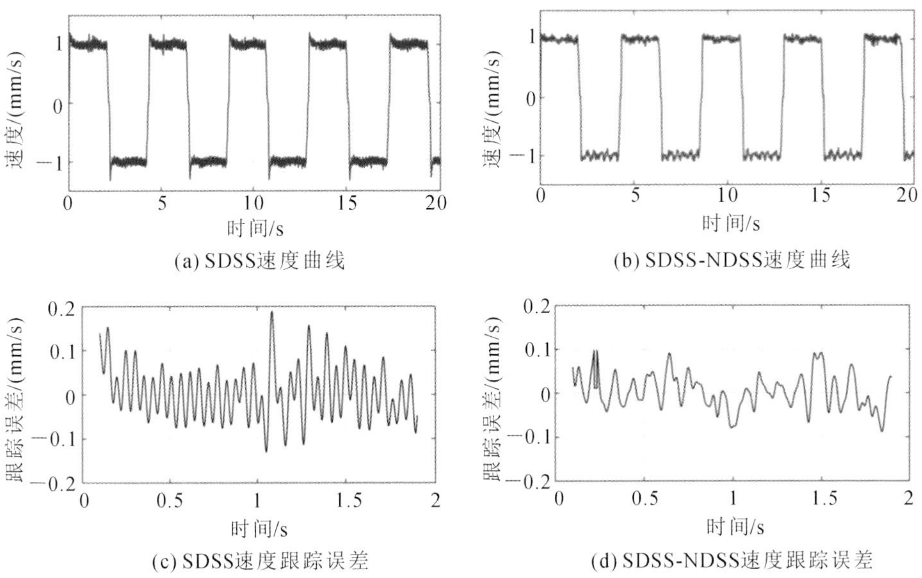

图 7-17　试验结果(v_t=1.0 mm/s)

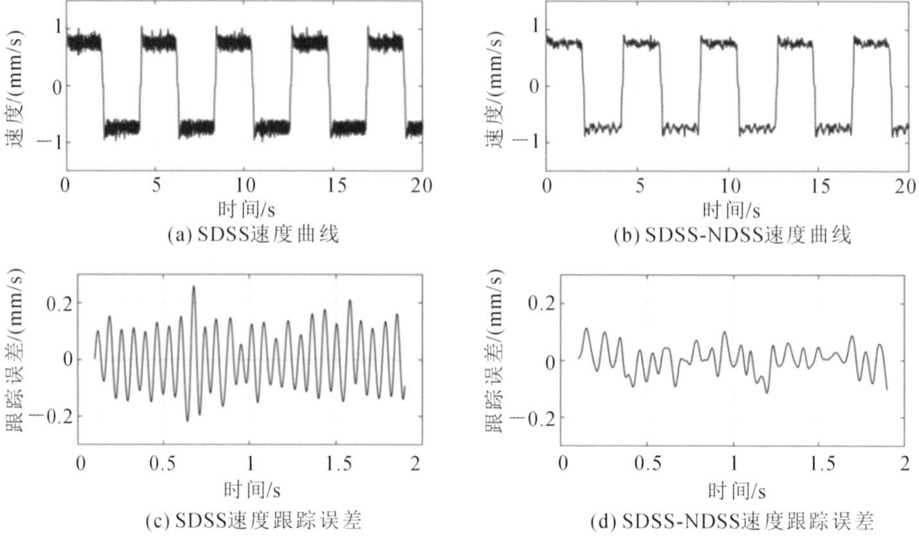

(a) SDSS速度曲线
(b) SDSS-NDSS速度曲线
(c) SDSS速度跟踪误差
(d) SDSS-NDSS速度跟踪误差

图 7-18　试验结果($v_t=0.75$ mm/s)

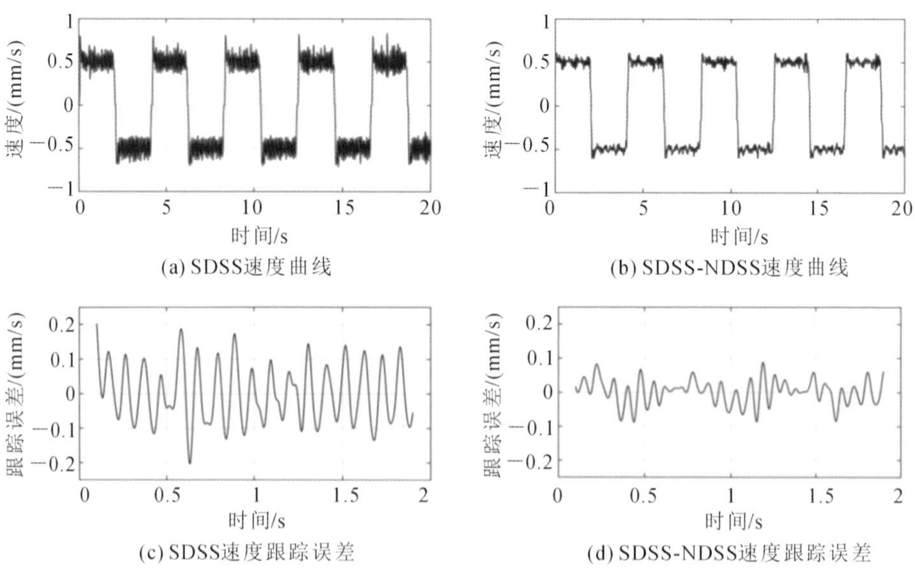

(a) SDSS速度曲线
(b) SDSS-NDSS速度曲线
(c) SDSS速度跟踪误差
(d) SDSS-NDSS速度跟踪误差

图 7-19　试验结果($v_t=0.5$ mm/s)

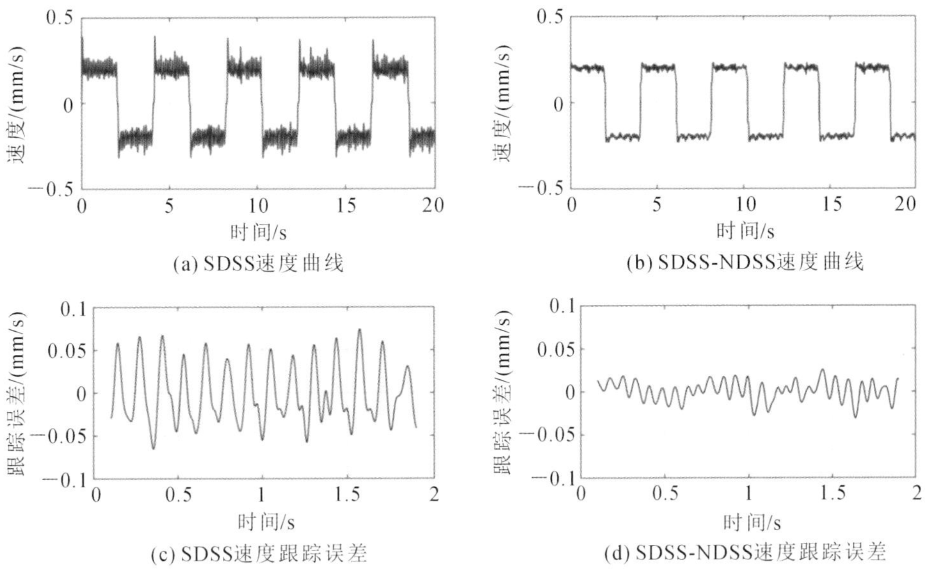

(a) SDSS速度曲线
(b) SDSS-NDSS速度曲线
(c) SDSS速度跟踪误差
(d) SDSS-NDSS速度跟踪误差

图 7-20　试验结果($v_t=0.2$ mm/s)

表 7-4　SDSS 和 SDSS-NDSS 模式下的速度跟踪误差对比

v_t/(mm/s)	速度跟踪误差/(mm/s)					
	M_e		μ		σ	
	SDSS	SDSS-NDSS	SDSS	SDSS-NDSS	SDSS	SDSS-NDSS
1.0	0.1886	0.0979	0.0459	0.0310	0.0342	0.0226
0.75	0.2593	0.1148	0.0851	0.0364	0.0487	0.0279
0.5	0.2035	0.0885	0.0690	0.0269	0.0420	0.0223
0.2	0.0743	0.0310	0.0285	0.0089	0.0172	0.0066

参考文献

[1] 朱子健,陈仁文,徐晓弈,等.智能材料在微机械中的应用及发展[J].航空精密制造技术,2003(3):4-7.

[2] 杜华.微型机械技术及应用展望[J].长春工程学院学报:自然科学版,2005(1):26-28.

[3] 李志宏.微纳机电系统(MEMS/NEMS)前沿[J].中国科学:信息科学,2013,42(12):1599-1615.

[4] 荣烈润.微机械及其微细加工技术的现状和应用研究[J].机电一体化,2002,8(3):11-13.

[5] 张芳,林良明.微机械的基本特征、关键技术及应用前景[J].传动技术,2001,15(1):25-33.

[6] 胡鸿胜,吴广峰,朱文坚.微机电系统在生物医学领域中的应用发展[J].现代制造工程,2007(009):144-147.

[7] 洪永强,蒋红霞.微电子机械系统及硅微机械加工工艺[J].电子工艺技术,2003,024(005):185-188.

[8] 林超,陶友淘,程凯,等.微/纳传动平台的位移耦合分析[J].浙江大学学报(工学版),2013,47(4):720-727.

[9] 董吉洪.精密和超精密加工机床的现状及发展对策[J].光机电信息,

2010,27(10):1-9.

[10] 黄朋生.硅基 MEMS 二维生物微探针阵列技术研究[D].北京:清华大学,2005.

[11] 陈方建.工业 4.0 时代下的中国供应链未来——访德国弗劳恩霍夫物流研究院(FraunhoferIML)中国首席代表房殿军教授[J].物流技术:装备版,2014(8):13-15.

[12] 师树恒,王斌,朱健强.高精度电容式位移传感器关键技术的研究[J].仪表技术与传感器,2007(7):1-2.

[13] 丁冰晓,肖霄,李杨民.大行程并联三自由度柔性微操作平台的设计[J].天津理工大学学报,2015,031(004):28-32.

[14] 崔殿龙.齿轮齿条式光栅位移数显装置[J].机械工人:冷加工,2007(11):61-62.

[15] 袁巨龙,王志伟,文东辉,等.超精密加工现状综述[J].机械工程学报,2007,43(1):35-48.

[16] 张国智.超精密机床弹性微进给装置设计方法研究[J].机床与液压,2013,41(4):24-27.

[17] 黄海滨,曹林攀,柯晓龙,等.微进给机构的柔性铰链设计与有限元分析[J].厦门理工学院学报,2014,22(5):12-15.

[18] 王先逵,李庆祥,刘成颖.精密加工技术实用手册[M].北京:机械工业出版社,2001.

[19] 縻小涛,于宏柱,高键翔,等.大型衍射光栅刻划机微定位系统控制器设计[J].仪器仪表学报,2015,36(2):473-480.

[20] 骆敏舟,方健,赵江海.工业机器人的技术发展及其应用[J].机械制造与自动化,2015,44(1):1-4.

[21] 宋亚卿.滚珠型弧面凸轮传动系统热特性分析[D].济南:山东大学,2011.

[22] 刘定强,黄玉美,吴知峰,等.宏微纳运动系统位置精度的误差补偿[J].

机械科学与技术，2011，30(4)：645-647.

[23] 薛光明，何忠波，李冬伟，等. 基于弹性阻尼基座的超磁致伸缩致动器响应模型[J]. 航空动力学报，2015，30(2)：438-445.

[24] 任章，姜德宏，徐德民. 基于计算机控制的机器人变结构控制[C]//中国控制与决策学术年会. 1993 中国控制与决策学术年会论文集. 沈阳：《控制与决策》编辑部，1993.

[25] 司国斌，张艳. 精密超精密加工及现代精密测量技术[J]. 机械研究与应用，2006，19(1)：15-18.

[26] 李杨民，汤晖，徐青松，等. 面向生物医学应用的微操作机器人技术发展态势[J]. 机械工程学报，2011，47(23)：1-13.

[27] 潘超. 数控机床直线电驱进给系统控制技术及动态特性研究[D]. 镇江：江苏大学，2011.

[28] 刘俊标，薛虹，顾文琪. 微纳加工中的精密工件台技术[M]. 北京：北京工业大学出版社，2004.

[29] 赫玉娟，田延岭，张大卫，等. 新型精密磨削辅助微纳运动平台的研制及特性研究[J]. 制造技术与机床，2004(4)：39-42.

[30] 王海霞，颜桂定，李宝辉，等. 直线电机运动控制系统的软件设计与实现[J]. 电子测量与仪器学报，2013，27(3)：264-269.

[31] 程光仁，施祖康，张超鹏. 滚珠螺旋传动设计基础[M]. 北京：机械工业出版社，1987：73-95.

[32] 张左营. 高速滚珠丝杠副动力学性能分析及其实验研究[D]. 济南：山东大学，2008，6：1-8.

[33] LIN M C，RAVANI B，VELINSKY S A. Kinematics of the ball screw mechanism[J]. Journal of Mechanical Design，1994，116(9)：849-855.

[34] WEI C C，LIN J F，HORNG J H. Analysis of a ball screw with a preload and lubrication[J]. Tribology International，2009，42(11-12)：1816-1831.

[35] WEI C C, LAI R S. Kinematical analyses and transmission efficiency of a preloaded ball screw operating at high rotational speeds[J]. Mechanism and Machine Theory, 2011, 46(7): 880-898.

[36] 魏进忠,林仁辉,洪政豪.滚珠丝杠传动性能之理论模式发展概况[J].机械月刊,2008,9:6-22.

[37] BRACCESI C, LANDI L. A general elastic-plastic approach to impact analisys for stress state limit evaluation in ball screw bearings return system[J]. International Journal of Impact Engineering, 2007, 34(7): 1272-1285.

[38] HUNG J P, WU J S S, CHIU J Y. Impact failure analysis of re-circulating mechanism in ball screw[J]. Engineering Failure Analysis, 2004, 11(4): 561-573.

[39] ALTINTAS Y, VERL A, BRECHER C, et al. Machine tool feed drives [J]. CIRP Annals, 2011, 60(2): 779-796.

[40] OKWUDIRE C. Finite element modeling of ballscrew feed drive systems for control purposes[D]. Vancouver: University of British Columbia, 2005.

[41] NINOMIYA M, MIYAGUCHI K. Recent technical trends in ball screws[J]. NSK Tech Journal: Motion Control, 1998, 664: 1-3.

[42] KODERA T, YOKOYAMA K, MIYAGUCHI K, et al. Real-time estimation of ball-screw thermal elongation based upon temperature distribution of ball-screw[J]. JSME International Journal Series C: Mechanical Systems, Machine Elements and Manufacturing, 2004, 47(4): 1175-1181.

[43] YANG H, NI J. Dynamic modeling for machine tool thermal error compensation[J]. Journal of Manufacturing Science and Engineering, 2003, 125(3): 245-254.

[44] WEULE H, FRANK T. Advantages and characteristics of a dynamic feeds axis with ball screw drive and driven nut[J]. CIRP Annals, 1999, 48(1):303-306.

[45] SATOH. Ball screw with rotating nut and vibration damper[J]. Development of NSK Extra-Capacity Sealed-Clean TM Roll Neck Bearings, 2000, 8(3):9-16.

[46] 周建伟,许建斌,周越魁. 螺母旋转型滚珠丝杠副:200910033611.5[P]. 2010-02-17.

[47] 冯显英,路则科,牟世刚. 双螺母驱动型滚珠丝杠副进给机构:201220471499.0[P]. 2013-04-17.

[48] 冯显英,李慧,李沛刚,等. 一种新型高精度微量进给伺服系统及控制方法:201510078518.1[P]. 2015-07-13.

[49] 牟世刚. 高速螺母驱动型滚珠丝杠副动力学特性研究[D]. 济南:山东大学,2013,6:2-6.

[50] 王雪文,张志勇. 传感器原理及应用[M]. 北京:北京航空航天大学出版社,2004.

[51] 贾民平,张洪亭. 测试技术[M]. 北京:高等教育出版社,2013.

[52] 胡小唐,傅星. 微纳检测技术[M]. 天津:天津大学出版社,2009.

[53] 朱沛,张大伟,黄元申,等. 精密定位光栅尺的研究进展[J]. 激光杂志,2010(1):1-3.

[54] 刘焱,王烨. 位移传感器的技术发展现状与发展趋势[J]. 自动化技术与应用,2013(6):76-80.

[55] 王晓立. 电容式位移传感器研究[D]. 湘潭:湘潭大学,2010.

[56] 乔栋. 高精度绝对式光栅尺测量技术研究[D]. 长春:中国科学院研究生院长春光学精密机械与物理研究所,2015.

[57] 冯显英. 基于微机时钟脉冲的新型硬件细分原理研究[J]. 工具技术,2003,37(6):42-45.

[58] 冯显英,张承瑞.调制型传感器信号处理的细分新技术[J].仪表技术与传感器,1998(1):36-38.

[59] 冯显英.特形齿轮的创成技术及闭环开放式数控滚齿系统研究与开发[D].济南:山东工业大学,1998.

[60] 师树恒,王斌,朱健强.高精度电容式位移传感器关键技术的研究[J].仪表技术与传感器,2007(7):1-2.

[61] 吴宏圣,王忠杰,林长友.光栅测量技术在数控机床上的应用——光栅尺篇[J].世界制造技术与装备市场,2014(6):99-101.

[62] 朱子健,陈仁文,徐晓弈,等.智能材料在微机械中的应用及发展[J].航空精密制造技术,2003(3):4-7.

[63] 商泽进,王忠民,冯振宇.含形状记忆合金的智能材料结构的应用[J].稀有金属材料与工程,2007,36(z3):163-167.

[64] 张强,卢泽生.宏/微结合双驱动进给控制系统的建模与仿真研究[J].机械传动,2006,30(4):16-19.

[65] 肖献强,朱家诚,李欣欣.压电型宏微双驱动精密定位机构的建模与控制[J].农业机械学报,2007,38(11):140-143.

[66] 陈立国,孙立宁,边信黔,等.面向微操作的宏微精密定位技术研究[J].控制与检测,2005,5:49-51.

[67] 孙立宁,董为,杜志江.宏/微双重驱动机器人系统的研究现状与关键技术[J].中国机械工程,2005,16(1):89-93.

[68] 陈洪涛,程光明,肖献强等.宏微双重驱动技术的研究和应用现状[J].机械设计与制造,2007,1:153-155.

[69] 武宏璋.大行程宏微驱动超精密进给系统的设计与研究[D].西安:西安理工大学,2009.

[70] 李淑英.磁致伸缩层状复合材料性能与器件研究[D].天津:河北工业大学,2008.

[71] 陶惠峰.超精密微位移系统研究[D].杭州:浙江大学,2003.

[72] 吴猛.超磁致压电混合精密驱动机构及其控制技术研究[D].长春:吉林大学,2009.

[73] 何帆.超磁致伸缩智能构件热变形控制技术及装置开发[D].杭州:浙江大学,2012.

[74] 徐彭有.超磁致伸缩驱动器精密位移驱动控制研究[D].上海:上海交通大学,2010.

[75] 刘慧芳.超磁致伸缩材料力传感执行器关键技术研究[D].大连:大连理工大学,2012.

[76] 方菲.宏微双驱动高精度二维运动平台的实现[D].杭州:浙江大学,2012.

[77] 文龙.压电陶瓷驱动的二维微纳运动刀架的性能分析[D].哈尔滨:哈尔滨工业大学,2005.

[78] 李欣欣.宏微两维驱动的大行程高精度二维定位平台基础技术研究[D].杭州:浙江大学,2008.

[79] 杜付鑫,冯显英,李沛刚,等.一种新型双轴差速式微量进给系统的建模与分析[J].机械工程学报,2018(09):195-204.

[80] YU H,FENG X. Modelling and analysis of dual driven feed system with friction[J]. Journal of the Balkan Tribological Association,2015,21(4):736-752.

[81] 于瀚文.宏宏双驱动微量进给伺服系统动态特性研究[D].济南:山东大学,2016.

[82] 杜付鑫.双轴差速式微量进给伺服系统摩擦建模分析与补偿研究[D].济南:山东大学,2018.

[83] 王兆国.双直接驱动伺服系统低速进给特性研究[D].济南:山东大学,2019.

[84] 李贺.磁控形状记忆合金高精度驱动器研究[D].武汉:武汉科技大学,2015.